玉米高产
技术问答

王延波　编著

中国农业出版社
农村读物出版社
北　京

玉米具有粮食、饲料、加工、能源等多种用途。无论在世界还是我国都是第一大作物。2019 年，我国玉米播种面积 4 128 万公顷，平均单产 421 千克。目前，我国玉米单产与美国差距还很大，主要是玉米生产中普遍存在水肥资源利用率低、机械化程度低、技术到位率低、产量不高、生产成本高、品质差或高产不高效等问题，导致玉米国际市场竞争力差。高产、高效、优质、绿色将是今后玉米生产长期追求的目标。从长期看，加快玉米生产机械化进程是进一步提高单产水平，从而增加我国玉米产业比较优势的重要途径。尤其是收获环节是限制我国玉米生产全程机械化进程的主要瓶颈。

为确保国家粮食安全和农民增产增收，提高玉米生产中水肥资源利用效率和全程机械化水平，进而使技术到位率得到普遍提高，特编写了《玉米高产技术问答》一书，旨在使玉米技术推广人员和广大农民提高玉米生产技术。本书以问答形式展现，包括玉米生产基本情况，玉米产量构成情况，玉米生物学特性，玉米杂交种及其选用，玉米田整地与播种，玉米种植方式，玉米肥水管理，玉米病、虫、草害管理，玉米逆境管理，特用型玉米。

本书在编写过程中得到王大为同志的审核，在此表示感谢！

本书较为系统地梳理了玉米生产过程中遇到的各种问题，并进行了解答。由于时间紧、工作量大，书中疏漏之处在所难免，恳请读者提出宝贵意见和建议。

编著者

2020 年 3 月

目 录

前言

第一章　玉米生产基本知识

第二章　玉米产量构成因素

第三章　玉米生物学特性

第四章　玉米杂交种及其选用

第五章　玉米田整地与播种

第六章　玉米种植方式

第七章　玉米肥水管理

第八章　玉米病、虫、草害管理

第九章 玉米逆境管理

第十章 特用型玉米

第一章　玉米生产基本知识

1．为什么要种植玉米?

玉米是普通而又神奇的作物，类型较多；属于 C_4 作物，光合效率高，呼吸消耗的干物质最少，因而产量很高。在我国农作物中，玉米种植范围最广、面积最大，总产最高，单产潜力大；用途较广（粮、经、果、饲、能）、需求持续增加，虽然持续增产但仍供不应求，需要进口。玉米是高产之王、饲料之王、加工原料之王，是畜牧养殖业支柱、雨养旱作主栽作物、生物能源主导作物，具有生产、生活、生态等多种功能。玉米也是最具生命力、最具发展潜力和发展前景的作物。正是玉米广泛的用途和重要的价值，世人把人均占有玉米数量的多少作为衡量一个国家畜牧业发展和人民生活水平的重要标志之一。

2．玉米主要用途有哪些?

玉米种植区域广、价格低廉，具有广泛的用途，在农业生产中具有重要地位。据统计，世界玉米总产量的 $60\%\sim70\%$ 用作动物饲料，$30\%\sim40\%$ 用作食用、种用和工业消费。近年，随玉米深加工和用作生物燃料——乙醇的发展，工业消费比例呈明显增加趋势。

3．我国近年来玉米的生产状况如何?

近年，由于国内玉米临储价格的不断走高，催生了玉米产量高、价格高、库存高的"三高"现象，成为农业供给侧结构性改革的主要调减对象之一。我国玉米产业应该何去何从，了解玉米的生产现状很有必要。

玉米播种面积由 1990 年的 2 140.15 万公顷增长至 2015 年 3 811.93 万公顷，年均增长 66.87 万公顷；占粮食总播种面积的份额从 1990 年 18.86% 增长至 2015 年的 33.63%，并在 2007 年超过水稻成为我国播种面积第一的粮食作物。玉米在经历了 1994—2000 年产量震荡以后一直保持快速上升趋势，并在 2012 年超过水稻成为我国总产最大的粮食作物。2016 年，播种面积 3 676.0 万公顷，总产量 21 955.4 万吨，居各主要粮食作物种植面积和产量之首。目前，玉米不仅是我国第一大粮食作物，同时也是我国种植面积最大的农作物。

我国未来要继续维持玉米生产规模、保持玉米的基本自给。应坚持将玉米生产立足国内，在维持谷物自给率在 95％以上、强调口粮绝对安全的同时，使玉米自给率达到 90％以上。

4．世界玉米生产主要分布在哪些国家？

玉米是世界上分布最广的作物之一，除南极洲外，玉米在世界各地均有种植。种植的南界是南纬 35°～40°，北界为北纬 45°～50°，饲用玉米可以延伸到北纬 58°～60°。从低于海平面 20 米的盆地直到海拔 4 000 米的高原，都有玉米种植。从地理位置和气候条件看，世界玉米种植集中在北半球温暖地区，即 7 月等温线在 20～27 ℃、无霜期在 140～180 天的区域范围内。世界上最适宜种植玉米的地区有美国中北部的玉米带、亚洲的中国东北平原和华北平原、欧洲的多瑙河流域和中南美洲的墨西哥、秘鲁等地。2001 年，世界玉米面积为 20.95 亿亩*，单产水平 286.4 千克/亩，总产量 59 997 万吨，总产超过水稻和小麦，成为全球第一大作物。预计今后玉米种植面积仍将继续增长，而且玉米单产增加潜力较大，玉米的总产还将不断增加。

5．美国玉米单产为什么高于我国？

① 自然条件优越。美国玉米带位于北纬 38°～43°、西经 82°～102°范围内，海拔不到 500 米。地势平坦，土层深厚，属肥沃的草原黑钙土，有机质含量高达 3％～5％。无霜期为 160～180 天，在玉米全生育期≥10 ℃活动积温 3 300～4 600 ℃，玉米生育季节（4～9 月）每个月都有 80～90 毫米的均匀降雨。②机械化程度高。美国是世界上发展机械化最早的国家，也是玉米生产现代化程度最高的国家。由于土地集约化程度提高，生产实现高度机械化作业，以及化肥和除草剂的大量应用，都促进了玉米种植的专业化和区域化。③转基因品种的广泛应用。培育和推广早熟矮秆耐密转基因玉米杂交种是玉米单产大幅度提高的重要原因之一。同时，由于抗玉米螟转基因品种的推广，减少玉米螟危害 10％～20％，相当于增产 10％～20％。④科学合理施肥和轮作。美国十分重视发展新型肥料品种，主要有氮磷钾复合肥料、含有微量元素的复合肥料、高浓度肥料和液态肥料等。另外一个很重要的原因是保持和培肥地力，其具体措施是合理的轮作制度

---

* 亩为非法定计量单位，1 亩≈667 平方米。

和大量的秸秆还田,并注意施用有机肥和高效复合肥料。⑤增加种植密度。实践证明,玉米要获得高产,必须要求群体结构合理和群体中个体发育协调,即有合适的密度。增加种植密度是近年来美国玉米大面积高产的关键措施之一。目前,美国玉米种植密度平均在 9 万株/公顷左右。

6. 我国玉米有几大生产区域?

玉米在我国种植范围很广,分布在约 24 个省份。我国是一年四季都有玉米生长的国家。南至北纬 18°的海南省,北至北纬 53°的黑龙江省的黑河以北,东起我国台湾和沿海省份,西到新疆维吾尔自治区及青藏高原,都有玉米种植。但是,玉米在我国各地区的种植分布却并不均衡,主要集中在东北、华北和西南地区,大致形成一个从东北到西南的斜长形玉米栽培带。我国玉米种植划分为六个区,为北方春播玉米区、黄淮海夏播玉米区、西南山地丘陵玉米区、南方丘陵玉米区、西北灌溉玉米区、青藏高原玉米区。

(1)北方春播玉米区 包括黑龙江省、吉林省、辽宁省、宁夏回族自治区和内蒙古自治区的全部,山西省的大部分地区,河北省、陕西省和甘肃省的一部分地区,玉米播种面积占全国玉米面积的 1/3。本区属寒温带大陆性气候,无霜期短,冬季严寒,春季干旱多风,夏季炎热湿润;多数地区年均降水量 500 毫米以上,降水时间四季分布不均匀,60%集中在夏季,形成春旱、夏秋涝的特点,玉米栽培基本上为一年一熟制。

(2)黄淮海夏播玉米区 位于北方春玉米区以南,淮河、秦岭以北,包括山东省、河南省全部,河北省的中南部,山西省中南部,陕西省中部,江苏省和安徽省北部,播种面积占全国玉米种植面积的 30%以上。该区属温带半湿润气候,无霜期 170~220 天,年均降水量 500~800 毫米,多数集中在 6 月下旬至 9 月上旬,自然条件对玉米生长发育极为有利。但由于气温高、蒸发量大、降雨较集中,故经常发生春旱夏涝,而且有风雹、盐碱、低温等自然灾害。栽培制度基本上是一年两熟,种植方式多样,间套复种并存,复种指数高,地力不足成为限制玉米产量的主要因素。

(3)西南山地丘陵玉米区 包括四川省、贵州省、广西壮族自治区和云南省全部,湖北省和湖南省西部,陕西省南部以及甘肃省的一小部分地区,玉米播种面积占全国玉米面积的四分之一。该区属温带和亚热带湿润、半湿润气候,雨量丰沛,水热条件较好,光照条件较差,有 90%以上的土地为丘陵山地和高原,无霜期 200~260 天,年平均温度 14~16 ℃,年降水量 800~1 200 毫米,多集中在 4~10 月,有利于多季玉米栽培。在山区草地主要实行玉米和小麦、甘薯或豆类作物间套作,高寒山区只能种一季春玉米。

（4）南方丘陵玉米区　包括广东省、海南省、福建省、浙江省、江西省、台湾省全部，江苏省、安徽省的南部，广西壮族自治区、湖南省、湖北省的东部，玉米播种面积较小，占全国面积的 5% 左右。

（5）西北灌溉玉米区　包括新疆维吾尔自治区的全部和甘肃省的河西走廊以及宁夏回族自治区河套灌溉区，占全国玉米种植面积的 2%～3%。

（6）青藏高原玉米区　包括青海省和西藏自治区，是我国重要的牧区和林区。玉米是本区新兴的农作物之一，栽培历史很短，种植面积不大。

7．春玉米和夏玉米有什么区别？

春玉米、夏玉米根本区别在于种植时间的不同。因为它们的种植时间不同，所以它们也有不同的管理方法。

春玉米主要分布在东北三省和内蒙古地区东部，多为一年一熟的雨养农业。一般在 4 月下旬至 5 月上旬播种，9 月底至 10 月上旬收获。其中，产区西部春季干旱，往往要抢墒播种；产区北部生育期较短，早春寒冷，要做到播种不误农时。

夏玉米主要分布于黄淮海平原、鲁中南丘陵、山东半岛及山西省南部和陕西省中部，多与冬小麦等越冬作物轮作。一般在 6 月中上旬播种，9 月下旬至 10 月初收获，宜选用生育期较短的品种，但又不能太短，否则玉米的增产潜力难以发挥。夏玉米拔节后容易遭受夏涝，要注意及时排水和防治病虫害。

8．玉米生产的限制因素有哪些？

（1）玉米品种不优良　玉米种植需要有合适的生长环境和气候条件，但是要想保证玉米产量，其品种问题是十分重要的。不同玉米种子对自然环境的要求不同，选种子时必须要选择适合当地气候条件、地理条件、具备较强环境适应能力的种子。此外，我国玉米品种还存在优良度不足及对虫害、自然灾害抵抗力弱等缺陷，一旦出现疫病或者自然灾害都会对玉米生长产生重大影响。因此，玉米品种对玉米产量有着很大影响，为了能够保证玉米产量，必须要改善玉米品种，要选择优良品种进行播种。

（2）土壤翻耕不彻底　由于玉米植株体积较大，故此根系分布对玉米生长具有很大影响。如果玉米根系分布不够广泛，玉米植株顶层就无法吸收到足够养分，这将导致其无法正常生长。而造成根系分布不够广泛的原因就是土壤翻耕不彻底，通常种植玉米的土壤翻耕深度必须在 20 厘米以上，否则就容易出现营养不良和植株倒伏的情况，这一点很多玉米种植户在进行翻耕时都未注意。

（3）种植密度不合理　在玉米种植过程中，忽视品种特性、不能对种植密度进行准确测量，同样是经常出现的影响玉米产量和质量的技术问题。一般玉米在生长过程中都会经历一个枝繁叶茂的过程，这需要一定的生长空间，与其他农作物相比，玉米种植空间把握难度更大。如果玉米早期种植密度控制的不合理，会严重影响到玉米后期的生长发育，将无法使最终产量达到最高。

9. 如何种好玉米？

（1）改善玉米品种　玉米在种植前要认真分析生长环境，要因地制宜选取最合适的种子，要选取抗虫害和抗自然灾害能力强的种子，这样才能保证最终玉米产量获得大幅度提高。玉米种植户在选择种植品种时，要根据不同生态条件，选择一些具有高产性、稳产性、抗病性和抗逆性好的新杂交玉米品种，这样可以保证玉米在不同种植环境中都能让玉米种植户取得一个好的收成；玉米种植户要有效地应用先进机械进行玉米种植，这样可以保障玉米的产量和质量，同时还要科学地将玉米品种选择和自身玉米种植能力进行有效结合，科学开展种植工作。

（2）认真翻耕，适时播种　选购好良种后，在准备种植前，玉米种植户需要注意深耕播种土壤。为确保玉米根系深扎，使其之后能苗壮成长，建议翻耕深度在20厘米以上。经长时间观测，深耕工作做得好会让后期玉米长势良好。在深耕时要做好前期准备工作，要注意选择适宜天气进行播种，避免突发性气候灾害影响到玉米成活率。在气温方面，要根据不同地理环境进行种植区分，平原地区日均温高，可以选择在初春时进行播种；在高纬度地区，由于日均温度较低，就不能选择太早进行播种，否则由于达不到玉米生长的基本温度条件，种子可能会遭到低温侵害，将很难成苗。在选定好播种日期后，在播种时要整体考虑好种子的一致性，其中包括播种密度和播种深浅等，以免出现植株不齐的情况。对于翻耕和播种一定要认真细致地进行，这样可以为玉米产量和质量的提高提供保障。

（3）合理设置玉米种植密度　玉米种植密度的合理性与玉米产量和质量有非常大的关系。故此，对玉米种植户来说，需要对玉米种植密度进行科学把握。具体来讲，玉米种植户要对种植土壤的肥力和玉米种植中的光热资源等进行有效的调查和研究，还要选用先进合理的农业机械设备开展玉米种植，从而保障玉米的产量和质量；要多学习相关的种植专业知识，并按照科学合理的方式对玉米品种进行种植，要避免一味追求高产而忽略种植中的实际情况，反之，既会影响玉米产量，也无法保证玉米质量。

（4）加强病虫害防治工作　病虫害防治在玉米种植中有着十分重要的地位。通常情况下，病虫害多出现在降雨较多、气温较高时期。因为，一旦农田中因排水不畅出现大片积水，在高温高湿的环境下，将为病虫害的繁殖提供条件。关于玉米种植的病虫害防治，建议从成苗期开始着手。尤其在玉米成苗初期，要注意玉米生长情况，并结合田间积水分布，做好病虫害的监测工作。病虫害防治应以预防为主，还要尽量限制化学药物使用，要多使用生物防治方法，以避免化学药物污染土壤，影响肥力，并使病虫害产生抗药性。

10．密植玉米比稀植增产吗？

关于玉米种植密度，不同品种有不同要求，甚至同一品种因地块不同，密度也应该有所不同。一亩地种 1 株的稀植不好，一亩地种 10 000 株的密植肯定也不好，必须要从这中间选定一个数，种植出合理的种植密度。不同的品种的最佳密度是不同的。种植密度在种子包装袋上都有注明，即该品种的育种者根据试验得到的最佳种植密度。另外，同一品种在肥力条件优越的情况下可适度增密种植，而在瘠薄地块或坡岗地上可适度稀植。

玉米是依靠群体增产的作物。在适宜的地块上，种植密植品种会比稀植品种增产。总之，玉米需要合理密植，充分利用水分、光能和营养，提高土地利用率，增加土地产出，使玉米产量增加、农民增收，为粮食安全作保障。

11．玉米生产为什么要实现全程机械化？

全程机械化指整地、播种、田间管理、收获等各个环节都由机械作业来完成。过去，我国农村劳动力充足，玉米生产基本靠手工操作。随着劳动力减少，土地流转进程加快，玉米生产必须实现全程机械化。玉米籽粒田间机械收获能够减少果穗储运、晾晒、脱粒等作业环节，而且还会减轻晾晒、脱粒过程中的籽粒霉烂与损失。同时，全程机械化还能促进土地规模化流转，实现规模化生产，大大降低劳动强度，节约成本，提高劳动效率，增加农民收入。籽粒机收是我国玉米机械收获的发展方向和今后玉米生产方式转变的方向。

目前，整地、播种、田间管理等环节基本实现了机械化作业，只是收获环节机械化程度相对较低。主要受品种不适宜和机械性能不过关等因素制约。欧美等玉米生产先进国家，在 20 世纪 50 年代玉米收获作业已以机械穗收为主，70 年代已全面采用大型联合收获机进行田间直接脱粒收获。近年来，我国玉米生产的机械化水平提高较快，机械播种率达 80％，但机械收获率仍较低，2015 年仅达到 63％，且以摘穗为主，直接粒收的比例不足 5％，主要分布在新疆维吾尔自治区、黑龙江第三积温带至第五积温带和内蒙古自治区东北部玉米产区。玉米机械收获水平特别是粒收水平低是制约我国玉米全程机械化的瓶颈。当前，玉米机械粒收技术总体还处于研发、试验、示范阶段，尽快破解影响玉米机械粒收的关键难题，总结国内外相关研究进展，对于推动玉米机械粒收具有重要的意义。

12．籽粒机收玉米品种的特点有哪些？

① 生育期短。比目前市场主栽玉米品种郑单958、先玉335等早熟5～7天；在正常收获时期水分含量应为25％左右，硬粒型和半马齿型玉米可以放宽到28％左右。如果水分含量过高，在收获和脱粒过程中会打碎玉米籽粒造成产量损失。②后期抗倒伏能力强。因为后期倒伏对人工收获没有实质性的影响，所以我国的玉米品种在成熟期前后的抗倒伏能力普遍较弱。而在机械化收获的条件下，倒伏的玉米会造成直接的产量损失。③脱水速度快。玉米的脱水速度指的是在玉米籽粒成熟即黑层出现之后的脱水速度，而不是成熟时的水分含量。由于玉米种质资源的差异，玉米正常成熟后籽粒脱水速度的差异非常大。由于过去收获和晾晒由人工进行，脱水速度不是育种家考察的项目，也没有列入育种目标，使得目前市场上我国自育的主栽品种脱水速度普遍较慢，不能满足机械化收获的要求。随着机械化收获的发展和逐渐普及，玉米品种脱水速度这一指标将会越来越受到重视并成为核心指标之一。④更加适宜密植。密植作为增加粮食产量的手段早已被育种家所认识，但种植密度加大，也会大大增加人工收获的劳动时间、强度和成本，即便有一定的经济效益，也不太容易被农民接受。实现籽粒机械化收获，密植品种在生产操作中的障碍将被消除。

13．籽粒机收玉米的优点有哪些？

籽粒机收已经是当前玉米种业界先进的概念和话题。任何新上市的品种，无论其生育期和产量表现如何，都会与籽粒机收的概念进行联系，进行籽粒机收的演示。与人工带棒收获相比，籽粒机械化收获的效益十分明显。人工收获1亩地的玉米，至少需要两个劳动力，以现在的劳动力平均成本计算，每亩地成本在260～300元，加上收获后的晾晒和脱粒，收获1亩玉米总成本大概在350元以上；采用机械进行籽粒收获，亩成本在80元左右，加上一部分籽粒烘干，每亩玉米收获成本在200元左右，比人工收获减少至少150元，相当于1亩玉米增收10％～12％，且能节约大量劳动力，比较效益十分明显。随着城市化的发展和我国人口结构的变化，这一差距将会越来越大。

14．为什么玉米生产田有时会出现大量白化苗？应如何预防？

白化苗是常见的一种玉米苗期病害，生产中有多种表现形式。第一种是小苗一出土就表现为白苗，这是一种遗传现象，叫致死基因白化苗，它因缺乏叶绿素不能自主生存，短时内会死亡。第二种一般从玉米4叶期开始发生，心叶基部叶色变淡，5～6叶期叶片出现淡黄色和淡绿色相间的条纹，但叶脉仍为绿色，基部出现紫色条纹，经 10～15 天，紫色逐渐变成黄白色，叶肉变瘦，呈白苗。严重时全田一片白色，主要是土壤缺锌所致。缺锌的玉米植株矮小，节间短，叶片丛生，严重时叶片干枯，甚至颗粒无收。第三种成因为除草剂药害，硝基苯胺类除草剂，如氟乐灵、二甲戊乐灵，或者异戊草酮，药害症状均可造成白化苗。施用不当或误施，当季或者上茬残留均可造成药害。上茬大豆田过量使用异噁草松除草剂，或当茬除草剂茎叶处理使用硝磺草酮过量，也容易出现白化苗。这类除草剂会抑制类胡萝卜素的生物合成，叶绿素失去保护，导致失绿白化。

第一种玉米白化苗的发生受遗传基因控制，对玉米经济价值影响不大，但在选育玉米新品种时必须注重选择。第二种为预防土壤缺锌引起玉米白化苗，可用 1 千克硫酸锌与 10～15 千克细土混合均匀，于播种时，撒在种子旁边；或用硫酸锌 0.75～1 千克/亩和磷酸二铵或复合肥混合均匀作种肥；也可用锌肥拌种，用 0.04～0.06 千克锌肥，兑水 1 千克，拌种 10 千克，堆闷 2～3 小时，阴干后播种。对已出现白化苗的玉米，每亩用 0.2～0.3 千克硫酸锌兑水 100 千克制成喷雾，每隔 7 天喷 1 次，连喷 2～3 次。第三种需要缓解药害，要选用功能性植物营养剂，不要选用人工合成的植物生长调节剂及含这些物质的叶面肥。功能性植物营养剂的施用，以碧护（Vitacat）、益微（Bacillus cereus）、禾生素（禾甲安、Chitin）等混用为例，一般情况下，碧护 2 克/亩＋益微 20 毫升或 4% 的禾生素 30～50 毫升制成喷雾。

15. 玉米田出现红苗的原因及防治措施有哪些？

在玉米生长时期，经常会出现玉米在 3～4 叶期出现紫红色的植株，至玉米 7～8 叶时仍不褪色，这种现象称为玉米红苗。短时间出现红苗问题还不大，若红苗时间过长，则会严重降低产量。红苗可造成植株矮小、叶片叶绿素含量变低、根系活力下降等危害。发生红苗的原因很多，主要有以下几点。

① 植株缺磷。土壤中缺磷，满足不了玉米苗期的生长需要，根系生长发育受阻，幼苗生长缓慢。由于幼苗体内磷的含量逐渐降低，故叶片由暗绿变红或紫色。②田间积水。田间排水不良、土壤湿度大，影响了根系的呼吸、代谢作用，根系的生长受阻，导致植株营养不良而发红、紫。③地下害虫危害。幼苗根系被地下害虫咬伤（比如金针虫），吸水、吸肥能力变弱，导致幼苗变弱，形成红苗。④低温也可引起玉米苗发红。玉米种植较早，在早春因"倒春寒"产生冷害，会造成玉米苗全株发红。此种情况，随着温度的升高，红苗现象会逐渐缓解，后期消失。⑤药害、虫害也可引起玉米苗发红。药害、虫害等引起玉米苗体内糖代谢受阻、产生大量的花青素苷，形成紫红色苗。⑥其他原因。土壤过于黏重、播

种过深或浅、施肥不当引起"烧苗"、药剂处理不当引起幼苗中毒等都会导致"红苗"。

防治措施：①早施磷肥。要以速效磷肥为主，每亩可施过磷酸钙 10～15 千克，还可结合防虫喷施 1% 的过磷酸钙浸出液。②整平土地，开挖排水沟，做到雨停水干、田不积水。③搞好地下害虫的防治，使用包衣种子，必要时可以使用拜耳速拿妥二次包衣。④对于播种过浅或旱苗，要适时浇水、中耕松土保墒，以促壮苗。⑤如果在田间已经出现了"红苗"，可叶面喷施 300～500 倍液的磷酸二氢钾加芸天力 2～3 次，每隔 3 天喷 1 次，调节生长平衡营养。

16．玉米出现死苗的原因及解决办法有哪些?

（1）死苗原因 ①药害。使用农药或除草剂，超过一定浓度，能形成颜色不正常的叶斑（如白斑或褐斑）、幼芽及根卷曲或变粗、植株生长受抑、苞叶缩短或穗粒外露。敌敌畏、敌百虫、辛硫磷、功夫、2,4 - D 等施用过量均有可能造成药害。例如，2,4 - D 可使叶片卷曲成洋葱叶，下部茎叶丛生在一起，气生根上卷不与土壤接触；施用辛硫磷过量可致叶片局部或大部分变白，最终导致叶片干枯似冻害状。②肥害。播种时，过多的可溶性氮、钾等化肥接近种子，会抑制种子萌发或导致出土后死亡、残存苗矮化、使叶片变黄或枯死。③高温干旱。玉米于苗期遇到由较长时间缺雨造成的大气和土壤干旱，若无法在土壤缺水时满足玉米生长发育的需要，易造成死苗。玉米苗期干旱，会导致幼株的上部叶片卷起，并呈暗色；严重时叶片边缘或叶尖变黄，随后下部叶片的叶尖端或叶缘干枯。若在疏松沙土上，幼苗更易干枯而死。④上茬残留除草剂药害。早春由于气温低，部分农户麦田化学除草时间推迟至 4 月 10 日后，麦田除草剂施用过晚。又因草龄较大，相应地加大了巨星、苯磺隆的使用量，比常规用量扩大 0.5～1倍，增大了土壤农药残留。夏玉米播期大都在 6 月 5～10 日。巨星、苯磺隆的使用期 60 天之后为下茬作物播种安全期，这样部分农户的上茬施药与下茬种植期间距不够，未达到播种安全期，导致玉米产生药害。⑤苗枯病。夏玉米感染苗枯病叶鞘变褐色呈撕裂状，叶片发黄、边缘呈枯焦状，心叶卷曲、易折，而后叶片自下而上逐渐干枯；无次生根的产生死苗，有少量次生根的形成弱苗。

（2）防治措施 ①选用抗旱、抗病品种。②采用配方施肥技术，适时适量施用，不宜过量。③使用除草剂时，严格选择品种和掌握用量，避免浓度过高，不宜在喇叭口直接喷洒。④在玉米田不要用敌百虫、敌敌畏等敏感杀虫剂；施用辛硫磷防治地下害虫时，严格掌握用量。⑤干旱或发生药害后，要及时浇水、加强管理。⑥用尿素、磷酸二氢钾水溶液及过磷酸钙、草木灰过滤浸出液喷雾，能够降温增湿，可给叶片提供必需的水分及养分。⑦发现苗枯病，可任选下述一种农药对茎基部喷雾：50％多菌灵 600 倍、20％三唑酮 1 000 倍、恶霉灵 3 000 倍，连喷 2 次。

17. 玉米分蘖会不会影响产量？

（1）分蘖形成的原因　①苗期高温、干旱影响。玉米苗期严重干旱，造成主茎上部生长发育障碍，就会出现分蘖现象。②种植密度过小。个体养分充足，容易发生分蘖。③土壤肥力越高，分蘖会越多。土壤缺硼易导致玉米生长点死亡而形成分蘖。④化控剂药害。化控制剂喷施浓度过大、过早，削弱了玉米顶端优势，分蘖增加。

（2）控制分蘖的措施　①合理密植。按照品种推荐的合适密度种植。②合理施肥。底肥和苗肥，应重磷、钾肥，轻氮肥，严禁使用高氮肥或尿素。③玉米拔节前，严禁使用化控剂。④如果遇到严重干旱，及时浇水。17：00 左右，玉米叶片不能正常展开，即为浇水的标志。

玉米田出现分蘖，有条件的可以把地头和边行的掰掉，中间部分的不用摘除。因为地头和边行空间较大，产生的分蘖会长的很高，使得田间不整齐。美国先锋公司试验表明，分蘖对产量没有影响。7 月底，玉米分蘖芯叶枯萎，开始萎缩。

第二章　玉米产量构成因素

18．什么是玉米的生物产量和经济产量？

作物生物产量指，在单位面积土地上，所收获作物（多指地上部分）的干物质总量。玉米的生物产量包括玉米秸秆和玉米籽粒的干重。作物生物产量是作物茎叶光合产物不断运输、储存累积的结果，它体现该作物品种的总生产力。作物经济产量指，在单位面积土地上，所收获作物可供食用或其他用途的作物籽粒或其他器官的干物重。玉米的经济产量一般就是玉米籽粒的产量。经济产量体现该作物品种的有效生产力。经济系数即经济产量与生物产量的比值。

19．玉米产量构成因素有哪些？

通常所说的玉米产量是指玉米的籽粒产量，它是由单位面积穗数、每穗粒数和千粒重3个主要因素构成的。三因素的变化受品种特性、环境条件和栽培措施的影响，生产上要根据各地的自然条件，选用适宜品种，采取合理的栽培措施，调控好各个因素，以达到最适宜的产量结构组合，从而提高产量。①影响玉米产量的品种因素。不同品种分化的小花数不同，成粒率和产量结构也不同。通常认为，在相同条件下，紧凑型品种叶片上冲、耐密性较强、光能利用率较高，增加种植密度对穗粒数和千粒重影响较小；而平展型品种光能利用率较低，增加种植密度对穗粒数和千粒重的影响较大。由于单株生产潜力的限制，平展型品种的群体增产优势不如紧凑型品种。②影响玉米产量的光照因素。玉米是喜温短日照作物，日照长短和温度高低对玉米生长发育及灌浆结实有一定的影响。若营养生长期光照不足，则空秆增加、行粒数减少，但对粒重影响不大；若散粉期至乳熟期光照不足，则穗粒数减少；若乳熟期以后光照不足，则粒重下降。③影响玉米产量的温度因素。温度是玉米生长发育的重要影响因素之一。只有满足玉米各阶段对温度的要求，才能协调并促进其生长发育，最终获得理想的产量。温度高低对穗数的影响不大，对穗粒数和千粒重均有一定的影响。抽雄开花期高温，将影响花粉的活力，造成有花无粉，从而导致穗粒数减少；灌浆期温度过高或过低，会使灌浆速度明显下降，如遇 16 ℃以下的持续低温，玉米基本停止灌浆而不能正常成熟，粒重很低。④影响玉米产量的其他因素。一般来说，随着密度的增加，单位面积穗数会相应增加，穗粒数和千粒重则会相应降低，平展型品种比紧凑型品种更为敏感。施肥水平的高低，对单位面积穗数、穗粒数和千粒重都有很大影响。在相同条件下，增加施肥量并合理运筹，可以降低空秆率、增加穗粒数、提高千粒重。反之，土壤肥力不足，空秆率增加，败育粒增多，粒重下降，对产量影响较大。干旱和雨涝对产量构成三因素的影响也很大。主要是引起空秆率增加，穗粒数减少和千粒重降低。

20．玉米各产量构成因素之间有什么关系？

构成玉米产量的三大因素有亩穗数、穗粒数和粒重。玉米的亩产量通常可以用下式计算：亩产量＝亩穗数×穗粒数×粒重。在条件允许的范围内，增加或提高亩穗数、穗粒数和粒重三大要素中任何一项，产量都会提高。但是，当种植密度较低时，穗粒数和粒重提高，但亩穗数减少，当穗粒数和粒重的增加不能弥补亩穗数减少而引起的减产时，亩产量就会降低；如果种植密度过高，由于水分、养分、通风透光等条件的限制，玉米个体生长发育就会不良，不但穗小、粒少、粒小、品质下降，而且空秆率也会明显增加；当由于穗数的增加所引起的增产数量小于少粒、小粒和品质下降所造成的减产数量时，同样也会造成玉米减产。可见，玉米亩产量增减取决于亩穗数、穗粒数和粒重能否协调、均衡发展。

在各个产量构成因素中，单位面积有效穗数和每穗粒数最易受栽培条件的影响，变异幅度较大；千粒重主要受遗传因素制约，受栽培条件影响较少，变化幅度最小。从物质生产的角度来看，玉米籽粒产量的形成必须达到 3 个条件：一要通过光合作用制造有机物，即要有形成产量的物质来"源"；二要有能容纳光合产物的籽粒，即要有储藏物质的"库"；三要有运转系统能将光合产物运输给籽粒，即所谓"流"要畅顺。其中任一条件未满足，都会限制籽粒产量的形成。①单位面积穗数决定于种植密度与平均每株穗数。在低密度范围内，每株穗数受密度影响少，不会出现空秆或空秆率低，单位面积穗数几乎与密度成正相关。当密度增加到一定程度后，穗数增加幅度逐渐降低，双穗率显著减少，空秆率明显增加。所以，培育适宜密植的品种，通过密植增加单位面积穗数，对于提高玉米产量具有重要意义。国内外已报道的高产纪录绝大多数是通过增加穗数实现的。②每穗粒数是一项比较不稳定的因素，对产量的影响较大。每穗结实粒数与分化的小花数有关，每穗分化的小花数是由品种特性所决定的。试验表明，决定每穗粒数的临界值并非在小穗分化期和小花原基分化期，而是在抽丝前后各 15 天的时期内（具体时间因品种不同而有差异）。抽丝前，果穗进入性器官形成期以后，果穗顶端的一些小花常退化成发育不完全的败育小花。在高密度条件下，败育的小花数比低密度下的显著增多。抽丝期有的小花花丝不能抽出，不能授粉，特别是果穗顶端的小花形成较晚，如果光照不足、或水分亏缺、或矿质营养不足、或遇高温或低温等恶劣环境条件影响，更易受害，不能抽丝或抽丝过晚，会导致失去授粉机会，无法进一步形成籽粒，使籽粒数大量减少，甚至为空棒。③千粒重是比较稳定的产量构成因素。不同品种的千粒重差异显著，但同一品种在不同条件下，千粒重比单位面积上的穗数和每穗粒数的变化幅度少得多。这是因为粒数决定于小花分化、授粉、受精灌浆等一系列过程，而粒重仅决定于受精后胚和胚乳细胞数目的增加、体积的扩大和胚乳细胞干物质的积累过程。显然，粒数比粒重更容易遭受到不良条件的威胁。籽粒形成期和灌浆成熟期是粒重的决定时期。期间内的光照时间、温度和水肥供应等对粒重都有很大影响，加强后期管理是增加粒重的关键措施。

21．玉米为什么会有秃尖和缺粒现象？

玉米秃尖是指果穗顶部不结实。当雌穗顶部花丝抽出时，雄穗已散粉完毕，因而得不到花粉受粉受精。缺粒有两种，一种是果穗的一面有若干行由基部到顶部都不结实，即缺行；另一种是"满天星"缺粒，即果穗上只结少数籽粒。前一种多发生在雌穗吐丝时遇到连日阴天，花丝成簇向一面下垂，影响下部花丝的正常授粉。果穗着生角度大的更容易发生这种现象。后一种发生在雌穗发育较迟、抽丝较晚的植株上。

（1）玉米产生秃尖、缺粒的主要原因　①密度不当。密度过大，会造成植株过早封行、荫蔽，使果穗的功能叶受到的光照不足，缺乏营养，腋芽不能转为花芽，影响雌穗生长发育。一般密度越大，空秆率越高。同时，叶片互相交错会造成花丝受叶片遮盖，使得不能授粉，引起缺粒。②营养物质供应失调。如果缺磷、钾，会造成穗分化迟缓、开花延迟，甚至引起养分转运受阻，雌花发育遭到破坏。雄花的不孕花粉增多，授粉条件恶化，引起缺粒。③不良气候条件影响。例如，在玉米雌穗形成期和发育时期遭遇干旱，则雌穗不能抽出或抽出而不能吐丝。或雌、雄穗分化期阴雨绵绵，日光不足，光合强度减低。又如，土壤长期积水，通气不良，根系吸收能力减弱，营养物质少，使得不能进行雌穗分化或分化后不能正常发育；土壤水分不足，则雌雄花穗两者开花间隔时间延长可达10～20天，加上果穗顶部开花最迟，当花丝抽出时，往往花粉源不足，失去受粉机会而形成秃顶。④栽培技术不良。由于种子质量差、整地粗放、土块大、覆盖不均匀，使出苗不齐，植株生长势不同，形成强凌弱、大欺小，弱株很难结实增加空秆。此外，如播种期过早或过晚、中耕管理不及时，形成草害；排灌不好、地下水位高、土壤过湿等。上述情况都会影响玉米生长发育，形成空秆、秃顶和缺粒。

（2）防治措施　①合理密植。根据土壤性质、施肥水平、水利条件、品种特性等决定每亩株数及种植方式。②适量施肥。除施足基肥外，针对玉米不同生育时期对养料要求，合理施追肥。③选用良种。在自然条件差，气候变化大，土质瘦薄地区，因地制宜选用耐脊、适应性强的硬粒种或半马齿种。种子质量要高，种子要进行精选。④提高整地质量和播种质量。使出苗整齐一致，不形成强弱株。⑤采用人工辅助授粉。造成秃顶、缺粒主要原因是授粉不良和水分、养分不足，因此，防止秃顶、缺粒最好是采用人工辅助授粉，同时加强肥、水管理。

22．玉米为什么会发生空秆现象？

玉米栽培中，经常发现空秆现象，玉米田里有2％～5％的空秆率属正常现象，但某些年份、品种、地块，空秆率在10％以上，个别达到30％以上，对产量影响很大。空秆一般有两种形式：一种是完全性空秆，即根本没有雌穗出现；另一种是叶腋间有果穗雏形，但未完成其发育。

造成玉米空秆的原因很多，主要与种植密度、施肥情况、生育过程中的气象条件及田间管理等关系密切。一般讲，密度越大，空秆率越高，尤其是在浅耕、水肥不足的情况下，表现最为显著。由于密度过大，农田小气候条件恶化，植株受到严重遮阳，单株营养面积小，接受的太阳辐射能量减少，光合作用强度降低，根系发育不良，影响了植株的正常生长发育造成空秆。

肥料不足也会增加空秆率。另外，在氮肥过多的情况下，会使植株营养器官生长过于茂盛，造成营养生长同生殖生长的矛盾。同时，植株徒长，将改变整个群体结构，农田小气候也发生改变，光照不足等不良条件使繁殖器官的分化受到抑制，同样会增加空秆率。

在玉米雌穗形成和发育时期，过分干旱，则雌穗萎缩不能抽出，或抽出不能吐丝，会造成空秆。同样，雌雄穗分化期遇上阴雨连绵，日照不足，植株光合作用强度降低，加上土壤长期积水通气不良使根系的吸收能力减弱，营养物质不能满足雌穗形成的需要，都会使雌穗无法分化或分化后不能正常发育，造成空秆。

玉米雌穗分化期的养分缺乏、严重干旱、荫蔽等原因造成的，使部分玉米的雌穗不能正常抽穗，从而出现空秆现象。

23．玉米"香蕉棒"现象产生原因是什么？

在一些品种的植株中部的1～2个叶腋中，同时长出3～5个小型果穗，穗茎相连，形同香蕉，结粒很少或不结粒，群众称之"香蕉棒"。

"香蕉棒"现象主要原因为在玉米雌穗分化形成期遭受了严重干旱。从植物学上讲，玉米雌穗属于变态的侧茎，果穗柄为缩短的茎秆，各节生一个仅有叶鞘的变态叶（即包叶），在变态叶的叶腋中也和主茎一样，潜伏着一定数量的腋芽。在主轴死亡的情况下，养分积累较多，会造成这些潜伏芽的萌动，形成"香蕉棒"现象。另外，一些品种在穗分化阶段，遇到少有的干旱天气，使某些玉米雌穗分化中后期受到严重影响，使果穗的主轴不再发育，中断养分运输，造成潜伏芽萌生。但是当潜伏芽萌生形成"香蕉棒"至开始吐丝时，玉米雄穗已到了散粉末期或散粉已结束，花粉供应不上，从而形成了无粒或结粒很少的"香蕉棒"。

24．玉米结实不良产生原因是什么？

正常年景，每穗籽粒平均在数百粒以上，但有时会出现下述几种异常现象：①穗粒稀少，平均每穗只有10～50粒；②秃顶，且秃顶部分比较大，有的达穗长的50%，严重的达70%～90%；③空穗多，从外表看穗很长，但一粒未结，有的地块、品种空穗率高达30%以上。

结实不良现象主要原因：①栽培管理不当。密度过大，田间通风透光不良，光照不足，植株光合作用减弱，从而影响果穗分化，使果穗不能正常发育，导致空秆多、缺粒严重。磷素对果穗的分化与发育影响很大，若磷素缺乏，果穗发育缓慢乃至停止，会增加玉米空秆发生。播期不当，使玉米在雌雄穗分化时出现气候条件不适，如遭遇高温、干旱、低温、霜害，出现雌穗分化异常现象。②在玉米抽雄开花时期遭遇严重干旱。玉米抽雄开花时期是玉米对水分最敏感的时期，也被称作玉米需水临界期。此时期内必须要有充足的水分供应，田间持水量要达到80%左右，才能满足雄穗开花、雌穗吐丝对水分的需求，进而使雌雄花期可正常相遇，达到受精良好、结实饱满。严重的干旱会使雌穗花丝的出现比雄穗开花要晚，雌穗吐丝时，雄穗散粉已经结束或基本结束，由于缺少花粉，形成无粒或结粒很少的玉米棒。③虫害严重。当玉米抽雄时，一般会发生蚜虫危害，如果防治不及时，或未予防治，蚜虫会使雄穗花粉少或无花粉，形成无粒或结粒少的现象。同时，玉米螟的危害也会导致结实不良。④在玉米抽雄开花时期，遭遇罕见的高温天气。雄穗开花的适温为25℃左右，当温度达32℃时，花粉很快丧失生活力，迅速失水而干枯，花丝也易枯萎，造成不能正常受精；如果连续几天温度超过32℃，则会出现比较严重的缺粒或无粒现象。⑤在玉米抽雄开花时期，遭遇长期阴雨天气，导致雄穗花粉不能与雌穗正常授粉受精。

25．多穗玉米是怎样形成的？

正常年景，玉米每株一般分化出一个结实的雌穗，少量的有双穗。但有些地块却出现异常的多穗现象，即从玉米上数第5～9节的范围内，长出2～3穗，多者达5～6穗，有的一个叶腋就长出双穗，多穗齐出，花丝鲜艳。

（1）产生原因　①干旱。在玉米拔节（5～7片展开叶）时，出现干旱，顶端雄穗发育受阻，导致养分在茎节上积累，刺激腋芽的发育而出现多个果穗。②玉米种肥或苗期追施氮肥过多。在玉米播种期或苗期追肥时，氮肥过多，茎秆营养积累过多，会刺激腋芽的发育而出现多个果穗。③密度不合理。密度过大，玉米授粉不好，遇到适宜的环境和良好的水肥条件，促使主穗位以下果穗发育，从而形成多穗；密度过小，边行上易出现多穗。④玉米化控剂的不当使用。化控剂使用的时期、用量不当，会抑制玉米顶端的生长，促使玉米多穗形成。⑤土壤肥沃，肥水充足，养分过剩。从玉米的生物学特征看，玉米除上部4～6茎节外，每个茎节都有腋芽，茎部不伸长节上的腋芽可形成分蘖，伸长节的腋芽均可进行雌穗分化。在一般情况下，只有上部的1～2个腋芽发育成果穗，其余大部分在发育过程中退化；但在水肥过大、营养过剩、生长过旺的情况下，使部分品种的3～5个腋芽进行雌穗分化发育，形成多穗。一些生育期长的品种如果发生花期不遇、受粉不良，使已进入生殖生长阶段的植物体的养分过剩，也会发生多穗现象。

（2）预防措施　在玉米雌穗分化期和需水临界期，如遇干旱，及时浇水，抗旱降温，以确保玉米雌雄穗正常分化。要按玉米品种的需肥规律，掌握追肥时间和施肥数量，避免苗期施速效肥过多；种肥和苗肥以磷、钾肥为主，不要使用高氮肥或尿素。按照品种要求的种植密度播种，按照要求的时间和用量合理使用调节剂。一般情况下，遇到多穗，要及时掰掉除主穗外的其他果穗。如果肥力充足，在授粉前发现不同节位出现多穗，可保留2个果穗，其余的掰掉。

26．玉米"熊爪穗"特征及产生原因是什么？

"熊爪穗"是雌穗顶端扁平，穗的中部开始还分出了几个穗，犹如熊爪。具有甜玉米基因的杂交种，在雌穗形成期一旦遇到低温障碍，出现这种穗的概率就大。

27．玉米穗行重叠特征及产生原因是什么？

从穗基部延伸出来的穗行数到穗顶的时候变少了，意味着整个穗的穗粒数没有那么多。玉米的雌穗是成对分化形成穗行数的，如果在第9片展叶期间全田喷洒乳酸合成抑制剂或磺酰脲类除草剂（如烟嘧磺隆），尤其与有机磷杀虫剂混用，就会扰乱穗分化，导致穗行数分化缺失。

28．玉米短粗穗特征及产生原因是什么？

玉米穗短而粗。这种穗常出现在一株多穗上，尤其是在正常穗的下面又长出一个雌穗的植株上。在玉米成熟期间从外观上看，玉米是正常的，雌穗苞叶顶端有点长尖。剥开苞叶，真容露出。原因是，在雌穗形成期间，穗的顶端细胞分裂组织受到损伤，如虫咬、干旱、低温或营养缺乏，使其纵向伸长受到抑制。

29．玉米丛生穗特征及产生原因是什么？

一个节位上同时长出几个穗，多的可达5～6个。原因是，在玉米的结穗节位上本来就潜伏着生长多个雌穗的基因，正常情况下植株只会长出1～3个穗，碰到某种障碍激活了这些潜在的基因。激活的难易和品种有关。研究表明，当雌穗上的花丝被害虫咬断以后，能接受到的花粉量大大减少，就会出现严重的丛生穗。

30．玉米"杠铃穗"特征及产生原因是什么？

指玉米穗的基部和顶端发育正常，中部发育异常，没有籽粒。具有甜玉米遗传基因的品种，在雌穗形成期遇到低温，很容易出现这种情况。有的玉米品种籽粒鲜食品质很好，但要注意通过调整播种期，尽量错开在玉米雌穗形成的时候赶上低温。

31．玉米"流苏穗"特征及产生原因是什么？

"流苏穗"指雄穗上长出籽粒。这种情况经常出现在分蘖株上。在玉米6片展叶之前，如果遇到冰雹、霜冻、药害、大风、牲畜毁坏、洪涝等，植株的茎顶端生长点受到损伤，不能保持顶端生长优势，就会从植株基部长出分蘖，如果没有及时补充营养，分蘖株自身的营养积累不足，穗分化的时候就容易出问题。

32．玉米苞叶延长特征及产生原因是什么？

苞叶延长是玉米穗顶端生有多片叶子。原因是在雌穗形成期，雨水过大导致苞叶伸长过度。

33．玉米穗顶裸露特征及产生原因是什么？

玉米成熟期间，雌穗顶端没有被苞叶包裹，直接露出。很容易遭受到害虫、病菌的侵蚀和鸟啄。原因是在雌穗伸长期间，遭遇干旱后突遇降雨，雌穗伸长生长过度。

34．玉米丝包穗特征及产生原因是什么？

穗的长度正常，但仅仅在穗的基部有籽粒，剥开苞叶会发现穗轴上包被有很多花丝。玉米雌穗上的花丝是小花的花柱和柱头，当小花发育成熟以后花丝就会顺着穗轴伸出苞叶，接受花粉完成受精。产生丝包穗的原因是在上述期间内遇到高温干旱或低温胁迫，使这些花丝没有完成受精，不能正常的枯竭，而是依然"不甘地"包被在穗轴上。

35．玉米整穗籽粒发育未完成特征及产生原因是什么？

整个穗上只有稀疏散乱着生的几个籽粒。存在多种原因造成授粉受精不良，使穗轴上的籽粒不能形成。例如：在玉米开花授粉期间因为干旱、高温使花药发育推迟，错过雌穗花丝成熟期，即花期不遇；除草剂使用不当造成的药害或其他原因导致田间植株发育不整齐高低不一，无疑也会影响授粉质量；植株缺磷花药发育不良，也同样会导致该现象发生。

36．玉米顶尖籽粒坏死或顶尖回缩特征及产生原因是什么？

穗顶端的籽粒发育不良有形无粒，这和秃尖不一样。原因是，干旱高温、营养不良、密度过大、叶片病害和阴雨天气等，使小花胚珠没有受精或受精后不能正常的发育，于灌浆期间逐渐萎缩。

37．玉米穗基少粒特征及产生原因是什么？

穗基，即"穗屁股"，籽粒稀少。原因是，穗基部的花丝在花药成熟和散落之前就伸出苞叶，待散粉授粉的时候花丝已经干枯，进而没有授粉受精，也就不能形成籽粒。或者，尽管授粉成功，但在花粉精细胞到达子房之前（路途遥远风险更大），花丝被害虫咬断，没有完成受精。这种现象尤其容易出现在高温干旱的天气条件下。

38．玉米"拉链穗""半边脸"特征及产生原因是什么？

穗的一面整行籽粒缺失，像拉链一样。缺失籽粒的一面一般位于穗子朝下的一面。这一面的花丝被上面的花丝覆盖遮挡，接收到的花粉量少，受精不良。在授粉受精以后，因为干旱、叶片损伤（病害、虫害、风）、种植密度过大（营养跟不上）等，使受精不良的胚珠发育不健全，逐渐败育萎缩。有的玉米品种，比如叶片宽大横向生长的品种，更容易出现这种异常穗。

39．玉米糠秕穗或朽糠穗特征及产生原因是什么？

指籽粒之间距离大，籽粒糠秕干瘪，整个棒子穗明显偏轻，商品性差。原因是，灌浆乳熟期至蜡熟期极度缺钾、霜冻、雹灾或叶片病害等导致籽粒内有机物质积累和转化不足。

40．玉米"泡泡粒"特征及产生原因是什么？

灌浆乳熟期间，穗行间无规律的夹杂分布着呈半透明状、里面充满液体、鼓鼓的籽粒，好像"水泡"一样，称为"泡泡粒"。随着籽粒的成熟，这种泡泡粒会逐渐干瘪萎缩，只留下扁平的种皮。除草剂使用过晚是原因之一，其他原因还有缺乏营养、密度过大等。

第三章　玉米生物学特性

41．玉米植株由哪些器官构成？

玉米植株由根、茎、叶、花、穗、籽粒等器官组成，其中，根、茎、叶是营养器官；花、穗、籽粒是生殖器官。

42．玉米根的形态特征及功能是什么？

玉米的根属须根系，分为胚根、次生根、支持根3种。除胚根外，还从茎节上长出节根，从地下茎节长出的称地下节根，一般4～7层；从地上茎节长出的节根又称支持根、气生根，一般2～3层。地下节根是根系的主体，入土深度一般30～50厘米，也有深达2米以上的。地上节根入土角度陡，伸入土中后能支持植株，也具有吸收水分、养分和合成氨基酸等作用。

根具有吸收、支持、合成的功能。首先，植物体需要的营养物质，除小部分是由叶从空气中吸收外，大部分来自根从土壤所吸取的水、二氧化碳和无机盐等；其次，根具有固定和支持地上部茎、叶的作用，其形成的庞大根系，能够使地上茎、叶得以自由伸展并稳固于地上；此外，根还具有合成功能，制造一些重要的有机物质，如氨基酸等。

43．玉米茎的形态特征及功能是什么？

玉米的茎秆粗壮、高大，直径为2～4厘米，株高因品种以及栽培条件不同而有显著差异。一般矮秆型株高只有0.5～0.8米，高秆型株高为3～4米，有的甚至可达7米以上；矮秆的生育期较短，单株产量较低，高秆的生育期较长，单株产量较高。玉米茎有明显的节和节间，茎粗自下而上逐渐变细，节间长度逐渐增长，至果穗位附近为最长，后又递减。茎由表皮、机械组织、基本组织和维管束组成，表皮外有明显的角质层，维管束在茎中星散排列。

玉米茎有输导、支持、储藏等功能。茎中维管是植株根与叶、花、果穗之间的运输管道，它起着运送水分和养分以及支持茎秆的作用，并能支撑叶片，使之均匀分布于空中，以便吸收阳光和 CO_2 更好地进行光合作用。茎是储藏养料的器官，在玉米生长的后期，可将部分养料转运到籽粒中去。

44．玉米叶的形态特征及功能是什么？

玉米叶着生在茎的节上，呈不规则的互生排列。全叶可分叶鞘、叶片、叶舌三部分。叶鞘紧包卷节间，肥厚坚硬，有保护茎秆、进行光合作用和储存养分的作用，在叶鞘基部有形如环状且厚的叶枕，对于茎秆有恢复直立的作用。叶片着生于叶鞘顶部，是光合作用的重要器官，叶片中央纵贯一条主脉，主脉两侧平行分布着许多侧脉；叶片边常有波状皱纹，有防止风害折断叶片的作用；玉米多数叶片的正面有茸毛，通常只有基部第 1～5 片叶是光滑无毛的，这可以作为判断玉米叶位的依据。叶鞘与叶片交接处有一无色薄膜为叶舌，紧贴茎秆，有防止雨水、病菌、虫害进入叶鞘内侧的作用。各品种的玉米叶包含部分有差异，有的玉米品种有叶耳，有的没有叶舌。除顶部 8 片叶叶腋内不能形成芽，其余叶腋皆有芽，下部的芽形成分蘖，上部的腋芽有可能形成果穗。苞叶生于果穗柄的各个节上，包住果穗，这是叶鞘的变态。苞叶叶腋也有腋芽，在干旱与短日照条件下，它也可形成分支果穗。苞叶对籽粒免受虫鸟危害和病菌感染起保护作用。玉米的叶片宽大，边缘呈波状，由上下表皮、薄壁组织、机械组织和维管束组成。由于叶缘的薄壁组织生长比维管束快，因此，叶缘常呈波浪形。上表皮有一层特殊的大型细胞，称为运动细胞。运动细胞的细胞壁薄、液泡很大，当气候干旱、水分不足时，运动细胞失水，体积变小，使叶片向上卷缩成筒状，可以减少蒸发。

玉米叶片的功能是与外界进行气体交换，以及通过蒸腾作用散发水分来调节体温；叶片的气孔能自动开闭，进行正常呼吸和蒸腾。玉米绿叶的叶绿素将太阳能转换为化学能，使植株吸收的水分、矿物质养分和二氧化碳，合成有机物质。气孔作为与外界进行气体交换门户，又是向外蒸腾水气的通道，在 1 平方厘米的叶片两面具有 10 000 多个，上表皮有 5 200 个气孔，下表皮可达 6 800 个左右。玉米的蒸腾系数为 260～368，低于大多数禾谷类作物，玉米是 C_4 植物，它的光合作用能力比较强，能促进量增加。据研究，光合作用强度与叶肉细胞的大小没有什么关系，而与叶片组织单位体积中叶绿素的数量有关。在玉米幼穗强烈分化期和灌浆期，穗位叶及其邻近的两片叶子（常称之为"棒三叶"）中的叶绿素含量较高，说明这几片叶子的光合能力强，对籽粒的贡献大。

45．玉米叶片可分为哪四组？

① 根叶组（1～6 片），主要供根系的生长和植株对水分、养分的吸收；

②茎叶组（7~12 片），主要供茎秆的生长和雌雄穗的分化；③穗叶组（11~16 片），这一组叶片展开，玉米由营养生长转入生殖阶段，主要供应雌雄分化和籽粒的形成；④花叶组（16 片及以后各叶），主要供雄穗的开花散粉。

46．玉米雄穗的形态有什么特点？

玉米雄穗是玉米植株顶端生长雄性花蕊的部分，整体呈倒放的扫帚状，浅绿带红色。玉米雄穗生长于茎秆顶端，由主轴、分枝、小穗和小花组成。主轴较粗，与茎相连，其上有 4~11 行成对着生的小穗。主轴中、下部有若干分枝，分枝数一般在 15~20 个，分枝较细，通常仅生 2 行成对排列的小穗。不同玉米品种之间，雄穗主轴与分枝的角度、雄穗分枝姿态、雄穗最高位分枝以上的主轴长度、雄穗一级分枝数目和雄穗中部分枝长度等指标存在着显著差异。短柄雄性小花如麦粒大小，密生于穗主轴和分支上。雄性小花发育成熟后，花粉经风吹飘落（或经蜜蜂携带）到玉米雌穗的玉米须上完成授粉过程，此时玉米雄穗即完成自己的生命的使命。玉米杂交育种时，为了实现它体授粉，往往在玉米雄穗未发育成熟时将其掐掉。

47．玉米雌穗的形态有什么特点？

玉米雌穗着生在茎秆中上部，是由叶腋中的腋芽发育而成。玉米雌穗包括果穗柄、苞叶和果穗。玉米果穗柄是一个缩短的茎秆，一般有 6~10 节，每节生长一片苞叶，苞叶重叠包被穗。玉米果穗是一个变态的侧茎，由穗轴和雌小穗构成。穗轴上着生许多纵行成对排列的雌小穗，雌小穗发育后，抽出花丝，进而可结实形成籽粒。

48．玉米雄穗是怎样分化形成的？

玉米雄穗分化过程可分为如下时期：①生长锥伸长期。茎端生长点由半球状明显伸长呈圆锥体，长度约为宽度的 1 倍。②小穗分化期。生长锥基部出现分枝原基，中部出现小穗原基，以后每个小穗原基又分化形成两个小穗，大的一个小穗位于上方，小的位于下方。③小花分化期。在小穗分化的基础上，每个小穗又分化出两个小花，小花进一步分化出雄蕊和雌蕊原始体。④性器官形成期。雌蕊退化，雄蕊迅速生长并形成花药，花粉母细胞进行减数分裂，形成四分体，随后形成花粉粒，内容物逐渐充实。植株进入孕穗期。

49．玉米雌穗是怎样分化形成的？

玉米雌穗分化过程分为生长锥突起期、生长锥伸长期、小穗分化期、小花分化期和性器官发育形成期。①生长锥突起期：生长锥尚未伸长，呈基部宽广、表面光滑的圆锥体，体积很小。这一时期生长锥基部分化出节和缩短的节间，将来形成果穗柄。每节上有叶原始体，以后发育成为果穗的苞叶。②生长锥伸长期：生长锥显著伸长，长度大于宽度。随后在生长锥的基部出现分节和叶突起，在这些叶突起的叶腋间将形成小穗原基（裂片），而后叶突起退化消失。这一时期一般延续3～4天。③小穗分化期：生长锥进一步伸长，出现小穗原基。每个小穗原基又迅速分裂为2个小穗突起，形成2个并列的小穗，并在它的基部出现褶皱的突起，即是将来的颖片。小穗原基的分化是从雌穗的基部开始渐次向上进行，属于向顶式分化。当生长锥的顶部还是光滑的原锥体时，在条件适宜的情况下，可继续分化出小穗原基，并延续到以后几个分化时期。因此，在小穗分化期给予充足的养分、水分和光照条件，可以分化出更多的小穗，从而有可能获得硕大的果穗。这一时期延续3～4天。④小花分化期：每个小穗突起进一步分化为大小不等的两个小花突起，称为小花开始分化期。在小花突起的基部外围出现三角形排列的3个雄蕊突起，在中央则隆起形成1个雌蕊原始体，称为雌雄蕊形成期。在小花分化末期，雄蕊突起生长减慢，最后消失，而雌蕊原始体却迅速增长，称为雌蕊生长、雄蕊退化期。雌花序和雄花序一样，在其分化过程中都是两性花，但到后来雄穗中的雌蕊和雌穗中的雄蕊分别退化成为单性花。每一个小穗中的两朵花，大的位于上方，可继续发育为结实花；小的位于下方，以后退化为不孕花。因此，成对并列的小穗使果穗上着生的籽粒长成双行。⑤性器官发育形成期：雌穗花丝逐渐伸长，顶端出现分裂，花丝上出现绒毛，子房体积增大。随后，胚囊性细胞形成，整个果穗急剧增长，不久花丝吐出苞叶。雌穗花丝开始伸长时期正值雄穗进入花粉粒内容物充实期。此期延续时间一般为7天左右。

50. 玉米雌穗、雄穗开花各有什么特点？

玉米雄穗抽出后，2～5天开始开花。一个雄穗从开花到结束，一般需7～10天，最长可达11～13天。天气晴朗时，以上午开花最多，下午显著减少，夜间更少。开花的顺序：从主轴中上部开始，然后向上向下同时进行。各分枝的小花开放顺序同主轴。开花最适温度20～28℃，温度低于18℃或高于38℃时，雄花不开放。开花最适宜的相对湿度为65％～90％。

玉米的雌穗为肉穗花序，由茎中部若干个侧芽的芽端营养生长锥质变为雌性生殖后，经过雌穗分化过程而发育形成的。雌穗受精结实后，即为果穗。每个雌小穗由1个退化的小花和1个结实的小花组成，结实的小花包括内、外稃和1个雌蕊及退化的雄蕊，雌蕊由子房、花柱和柱头组成。雌穗一般比同株雄穗抽出稍晚开花（晚2～5天），同一雌穗上，一般位于雌穗基部往上1/3处的小花先抽丝，然后向上向下伸展，顶部小花的花丝最晚抽出。

51．什么是玉米授粉受精？影响因素有哪些？

玉米是雌雄同株异花授粉作物，当成熟的雄蕊花粉借风力或其他媒介传送到雌蕊的柱头上叫授粉。微风只能将花粉送落在植株周围 1 米多的范围内，风力较大时，能将花粉传送到 1 000 米以外。花粉在柱头上发芽时，两个精子顺花粉管道不断向前移动。花粉管到达胚囊内，管端破裂，放出两个精子，一个精子与卵细胞结合形成合子，将来发育成种子的胚；另一个精子与两个极核（中央细胞）结合，形成初生胚乳核，将来发育成胚乳。这一过程称为双受精。从授粉到受精结束，约需经过 24 小时，多者达 38 小时。受精后，整个雌蕊的代谢强度显著提高，而且落在花丝上的花粉数量越多，代谢强度提高的幅度越大。同时，大量的花粉授于柱头，还能促进花粉粒的萌发和花粉管的伸长。所以，实行人工辅助授粉和多量花粉授粉，是提高玉米结实率的有效措施。

玉米花粉的生活力，与温度、湿度有很大关系。在田间自然条件下，玉米开花散粉期间，在温度 28.6～30 ℃、相对湿度 65％～81％时，花粉生活力可维持5～6 小时，8 小时以后显著下降，24 小时以后则完全丧失其生活力。如果将花粉暴晒在中午的强光下（38 ℃以上），2 小时左右即全部丧失其生活力。

玉米花丝生活力，因品种和气候条件而异。一般，植株健壮、生长势强的品种，其花丝生活力比植株矮小、生长势弱的品种强，杂交种的花丝生活力比自交系的强。另外，高温、干燥的气候条件比阴凉、湿润的气候条件容易使花丝枯萎而提早丧失生活力，所以，在玉米开花散粉期间及时浇水，能提高结实率。

52．玉米籽粒的形态特征及功能是什么？

玉米籽粒为颖果，由果皮（与种皮连在一起）、胚和胚乳组成。果皮多为黄、白两种，也有其他颜色。籽粒外形有近圆形或扁平形。胚乳是储藏有机营养的地方，有角质胚乳和粉质胚乳之分。玉米的胚较大，位于籽粒一侧。千粒重一般250～350 克，籽粒出产率（占果穗重量）一般为 75％～85％。

玉米的种子实际上是果实，植物学上称为颖果，依其形态和结构，可分为硬粒型、马齿型、半马齿型、爆粒型、甜糯型等。玉米种皮主要保护胚和胚乳免受不良环境影响，尤其在免受真菌侵害方面起重要作用。胚乳含有丰富的碳水化合物、蛋白质、脂肪和无机盐等，是种子萌发出苗的营养仓库，胚乳又分角质胚乳和粉质胚乳两种，胚是下代的幼小生命体，由胚根、胚芽、胚轴和子叶组成，也是玉米种子最重要的部分。

53．玉米划分为哪些类型？

根据玉米果穗颖壳的长短、籽粒形状、表面特征、籽粒内部胚乳结构等性状，将玉米划分为九个类型（亚种）。①硬粒型，又称普通种或燧石种。果穗圆锥形，籽粒饱满圆形顶部，周围为角质淀粉，中间为粉质淀粉，外壳呈半透明状，坚硬有光泽。品质较好，适应性强，成熟早，产量稳定，是生产上的主要类型之一。②马齿型，又称马牙种。果穗圆筒形较大，籽粒扁长，两侧为角质淀粉，顶部中部为粉质淀粉，成熟时顶部凹陷呈现马齿状。③半马齿型，又叫中间种。是由硬粒型和马齿型杂交而成的杂交种。粒顶部粉质胚乳少，齿形陷度浅。生态习性、品质产量介于前两者之间。目前，生产上推广的杂交种均属于半马齿型。④蜡质型，又叫糯质种。籽粒胚乳全为角质的支链淀粉组成，遇碘液呈红褐色，籽粒不透明，无光泽，如蜡状。⑤粉质型，又叫软粒种。籽粒胚乳全为粉质淀粉构成，质地较软，外观不透明，表面光滑，是制造淀粉和酿造的优良原料。⑥甜质型，又叫甜味种、甜玉米，籽粒中含有大量可溶性糖分（乳熟期含糖量为15%～18%），角质胚乳呈半透明状，粉质极少。籽粒成熟干燥后表面皱缩，且坚硬透明有光泽，以黑色或黄色较多。这种类型植株小而多叶，且易分蘖，穗中等、苞叶长。⑦甜粉型。籽粒上半部具有与甜质型相同的角质淀粉，下半部为粉质淀粉。⑧爆裂型，又叫爆裂种。穗粒均小，籽粒胚乳绝大部为角质淀粉，只有中心有少量粉质淀粉。籽粒加热后有爆裂性，比原来体积可增大25倍左右。由于籽粒形状不同，可分为米粒形和珍珠形两种。米粒形的果穗和籽粒较大，籽粒两端尖，多白色呈现大米米粒形，又叫白爆裂。珍珠形的籽粒小，圆形，果穗细长，籽粒颜色多为金黄色及褐色，又称黄爆裂。⑨有稃型。果穗上每一个籽粒的外面，均包被有颖壳，颖壳顶端有芒状物，难于脱粒。籽粒内部多为角质。该类型属最原始类型，无生产价值。

54．什么是玉米的生育期和生育时期？

玉米的生育期是指从出苗到成熟的天数。生育期的长短与品种、播期和温度有密切关系。依据联合国粮食及农业组织（FAO）的国际通用标准，把玉米的熟期分为7种类型：①超早熟类型，植株叶片总数8～11片，生育期70～80天；②早熟类型，植株叶片总数12～14片，生育期81～90天；③中早熟类型，植株叶片总数15～16片，生育期91～100天；④中熟类型，植株叶片总数17～18片，生育期101～110天；⑤中晚熟类型，植株叶片总数19～20片，生育期111～120天；⑥晚熟类型，植株叶片总数21～22片，生育期121～130天；⑦超晚熟类型，植株叶片总数23片，生育期131～140天。在玉米生产中，应当种植哪一类型的品种，要根据当地的气候、土壤、生产水平、种植方式、作物布局以及机械化程度的高低等条件来确定。春玉米由于生长期较长，应当种植中、晚熟品种；夏玉米由于生长期较短，采取直播方式的应当种植中、早熟品种，如采取麦垄套种，可种植中、晚熟品种。

在玉米整个生长发育过程中，由于自身量变和质变的结果及环境变化的影响，不论外部形态特征，还是内部生理特性，均会发生不同的阶段性变化。这些阶段性变化，统称为生育时期，可分为出苗期、三叶期、拔节期、小喇叭口期、大喇叭口期、抽雄期、开花期、抽丝期、籽粒形成期、乳熟期、蜡熟期、完熟期。①出苗期。一粒有生命的种子埋入土中，当外界的温度在8℃以上、水分含量60%左右和通气条件较适宜时，一般经过7~10天即可出苗。幼苗出土高约2厘米。②三叶期。玉米一生中的第一个转折点，玉米从自养生活转向异养生活，种子储藏的营养耗尽，又称为"离乳期"，是玉米苗期的第一阶段。这个阶段土壤水分是影响出苗的主要因素，所以浇足底墒水对玉米产量起决定性的作用。另外，种子的大小、播种深度与幼苗的健壮也有很大关系，种子粒大，储藏营养就多，幼苗就比较健壮；而播种深度直接影响到出苗的快慢，出苗早的幼苗一般比出苗晚的要健壮，据试验，播深每增加2.5厘米，出苗期平均延迟一天，因此幼苗就弱。植株第三片叶露出叶心2~3厘米。③拔节期。拔节是玉米一生的第二个转折点，由于植株根系和叶片不发达，吸收和制造的营养物质有限，幼苗生长缓慢，主要进行根、叶的生长和茎节的分化。玉米苗期怕涝不怕旱，涝害轻则影响生长、重则造成死苗，轻度的干旱，有利于根系的发育和下扎。植株雄穗伸长，茎节总长度达2~3厘米，叶龄指数30左右。④小喇叭口期。雌穗进入伸长期，雄穗进入小花分化期，叶龄指数46左右。植株有12~13片可见叶，7片展开叶，心叶形似小喇叭口。⑤大喇叭口期。是营养生长与生殖生长并进阶段，这时玉米的第11片叶展开，上部几片大叶突出，好像一个大喇叭，此时植株已形成60%左右，雌穗已开始进行小花分化，是玉米穗粒数形成的关键时期。这时，如果肥水充足有利于玉米穗粒数的增加，是玉米施肥的关键时期。该时期施肥量约占施肥总量的60%左右，主要以氮肥为主，补施一定数量的钾肥也很重要。叶龄指数60左右，雄穗主轴中上部小穗长度达0.8厘米左右，棒三叶甩开呈喇叭口状。⑥抽雄期。植株雄穗尖端露出顶叶3~5厘米。该时期标志着玉米由营养生长转向生殖生长，是决定玉米产量最关键时期；在玉米一生中生长发育最快，对养分、水分、温度、光照要求最多。因此，亦是使用灌溉、穗肥追肥的关键时期。⑦开花期。植株雄穗开始散粉。开花期是对高温最敏感的时期。为减轻高温对玉米的危害，有条件的可以采取灌水降温、人工辅助授粉、叶面喷肥等措施。⑧抽丝期。植株雌穗的花丝从苞叶中伸出2厘米左右。玉米雌穗花丝一般在雄花始花后 1～5 天开始伸长。玉米花丝受精能力一般可保持 7 天左右，抽丝后，2～5 天内受精能力最强，7～9 天花柱活力衰退，至 11 天几乎丧失受精能力。花丝在受精后停止伸长，2～3 天后变褐枯萎。玉米抽穗开花期遇严重干旱或持续高温天气，不仅导致雄穗开花散粉少，还会导致雌穗抽丝延迟，使花期相遇不好，以致授粉受精率低。⑨籽粒形成期。植株果穗中部籽粒体积基本建成，胚乳呈清浆状，亦称灌浆期。玉米通过双受精过程，完成受精后的子房要经过 40～50 天的生长发育，增长约 1 400 倍而成为籽粒。胚和胚乳完成发育和养分积累需 35～40 天，其余的时间用于失水干燥和成熟，最终发育成为种子。⑩乳熟期。植株果穗中部籽粒干重迅速增加并基本建成，胚乳由乳状至糊状。自乳熟初期至蜡熟初期为止。一般中熟品种需要 20 天左右，即从授粉后 16 天开始到 35～36 天止；中晚熟品种需要 22 天左右，从授粉后 18～19 天开始到 40 天前后；晚熟品种需要 24 天左右，从授粉后 24 天开始到 45 天前后。此期各种营养物质迅速积累，籽粒干物质形成总量占最大干物重的 70%～80%，体积接近最大值，籽粒水分含量在 70%～80%。由于长时间内籽粒呈乳白色糊状，故称为乳熟期。⑪蜡熟期。自蜡熟初期到完熟以前。一般中熟品种需要 15 天左右，即从授粉后 36～37 天开始到 51～52 天止；中晚熟品种需要 16～17 天，从授粉后 40 天开始到 56～57 天止；晚熟品种需要 18～19 天，从授粉后 45 天开始到 63～64 天止。此期干物质积累量少，干物质总量和体积已达到或接近最大值，籽粒水分含量下降到 50%～60%。籽粒内容物由糊状转为蜡状，故称为蜡熟期。植株果穗中部籽粒干重接近最大值，胚乳呈蜡状，用指甲可以划破。⑫完熟期。蜡熟后干物质积累已停止，主要是脱水过程，籽粒水分降到 30%～40%。胚的基部达到生理成熟，去掉尖冠，出现黑层，即为完熟期。一般以全田 50% 以上植株进入该生育时期为标志。完熟期是玉米的最佳收获期。植株籽粒干硬，籽粒基部出现黑色层，乳线消失，并呈现出品种固有的颜色和光泽。

55．什么是玉米的营养生长和生殖生长？二者关系如何？

玉米的生长发育，要经历营养生长和生殖生长两个不同的阶段。玉米的根、茎、叶等营养器官的生长，叫作营养生长。当玉米营养生长到一定时期以后，便开始形成花芽，而后开花、结果，形成种子。玉米的花、果实、种子等生殖器官的生长，叫作生殖生长。营养生长就是为了自身长得更大更好，生殖生长就是为了繁殖后代，如长种子。玉米苗期阶段（苗期—拔节期），以营养生长为主；穗期阶段（拔节期—开花期），营养与生殖生长并进；花粒期阶段（开花期—成熟期），以生殖生长为主。

营养生长和生殖生长关系：①营养生长是转向生殖生长的必要准备；②营养

生长和生殖生长在相当长的时间内交错在一起，在同一时间内，根、茎、叶、花、果、种各自处于生育进程的不同时期，彼此不可避免会相互影响；③营养生长和生殖生长并进期间，叶片制造的和根系吸收的营养物质不仅流向营养体的尖端和幼嫩部位，而且需供应生殖体的生长，双方对营养物质有明显竞争。

56. 玉米苗期生长有什么特点？

玉米苗期阶段，指从出苗到拔节所经历的时期。玉米苗期阶段是营养生长阶段，主要是根、茎、叶的分化生长；地上部分主要以长叶为主，根系是这一时期的生长中心。在玉米苗期阶段，植株忍耐干旱的能力特别强，土壤含水量少一些会促进根系下扎，有利于提高抗旱和抗倒能力；同时，抗涝能力弱，尤其是3叶期以前，若土壤渍水，容易形成"芽涝"。玉米苗期阶段最适宜的土壤水分为田间持水量的60%左右。此期田间管理的中心任务是促进根系生长，保证全苗、匀苗，培育壮苗，为高产打下基础。玉米苗期的时间长短受品种和温度等环境条件影响，早熟品种苗期时间短，晚熟品种苗期时间长。玉米种子播入适宜的土壤中后，由休眠状态转入旺盛的生命活动状态，开始萌发小苗，发芽出苗所利用的营养物质完全是种子储藏的；出苗后，叶片便能进行光合作用，制造有机物质。随着叶面积和根系的逐步增加，光合能力逐渐增强，吸收、制造的营养物质也越来越多。同时，种子中储藏的营养物质也越来越少，至3叶期已消耗完了。因此，生产上把3叶期称为"断奶期"。此后，植株生长发育所需要的营养物质就全部由自己吸收和制造了。玉米苗期全株以根系建成为中心，同时，分化叶和茎节、增加叶片。

57. 玉米苗期缺素的表现症状如何？

玉米苗期缺少不同的元素，表现不同症状。①缺氮。幼苗生长缓慢，叶色黄绿；中后期叶片由下而上发黄，先从叶尖开始，然后沿中脉向基部延伸，形成一个V形黄化部分，边缘仍为绿色；最后全叶变黄枯死，果穗小，顶部籽粒不充实。②缺钾。初期下部叶片从叶尖开始沿叶片边缘变黄色；严重时，枯焦呈灼烧状，果穗秃尖大。③缺磷。主要表现在根系发育差，苗期生长缓慢，在5叶期，叶片呈紫红色、叶缘卷曲，尖端枯死变暗褐色，果穗小而弯曲，籽粒排列不整齐，秃尖长。④缺镁。幼苗上部叶片发黄，中脉间出现黄白相间条纹，有时全株上部叶片呈黄绿相间条纹。⑤缺锌。新生叶的下半部呈现淡黄色乃至白色。⑥缺硼。幼叶薄弱展不开，上部叶片脉间组织变薄呈白色透明的条纹状，植株生长瘦矮，果穗畸形，顶部籽粒空瘪。

玉米缺素，多发生在缺乏有机质的土壤或沙质耕地，在玉米生长中期，遇到干旱或大雨积水，造成土壤板结、根系生长受阻所致。防治方法，一是增施有机肥料，化肥氮、磷、钾搭配分期追施，叶面喷施磷酸二氢钾或硫酸锌等改善植株营养。二是干旱时灌水，积水后及时排除，中耕松土，改善土壤通透性，促进根系生长。缺锌田块可在苗床每亩施磷酸锌2.5～3千克，直播玉米宜用硫酸锌1～1.5千克作底肥施，还可用叶面施肥方法进行补救；缺硼田块可叶面喷施硼肥液2～3次，每次间隔10天左右，每次每亩喷肥50～75千克。

58. 玉米穗期生长有什么特点？

玉米穗期指从拔节到抽雄期间的生长发育阶段，也叫玉米生长发育的中期阶段。玉米穗期生长发育特点是营养器官生长旺盛，地下部次生根层数和根条数、地上部茎秆和叶片生长迅速；与此同时，玉米雄穗和雌穗相继开始分化和形成。因此，穗期阶段是玉米植株营养生长和生殖生长并进时期，茎叶生长与穗分化之间争水争肥矛盾较为突出，对营养物质的吸收速度和数量迅速增加，是玉米一生中生长最旺盛的时期，也是田间管理的关键期。穗期管理的目的是促秆壮穗，既保证植株营养体生长健壮，又要保证果穗发育良好。

59. 玉米花粒期生长有什么特点？

玉米花粒期是指从抽雄到成熟期间的生长发育阶段。当雄穗在顶部的叶鞘中露出1厘米左右时，标志着抽雄开始，即进入花粒期。一般在抽雄后2～5天开始开花，雌穗的花丝从苞叶吐出的时间比抽雄晚3～5天，玉米花丝的任何部分都有接受花粉的能力，此时植株高度及每一片叶的长度和宽度都已定型，开花的最适气温为25～28℃，并且在空气比较湿润、天气晴朗而有微风时更适宜。玉米花粒期的生长发育特点是营养器官生长发育停止，转为以果穗和籽粒为中心的生殖器官生长。玉米花粒期管理的重点是保证植株正常授粉受精、促进籽粒灌浆、防止后期叶片早衰。玉米花粒期是夺取高产的关键管理时期，要根据生长特点，抓好关键管理技术。

60. 玉米生长发育对环境条件有什么要求？

① 对土壤的要求。玉米对土壤条件要求并不严格，可以在多种土壤上种植。但以土层深厚、结构良好，肥力水平高、营养丰富，疏松通气、能蓄易排，近于中性，水、肥、气、热协调的土壤种植最为适宜。②对养分的要求。玉米生育期短，生长发育快，需肥较多，对氮、磷、钾的吸收尤甚。其吸收量是氮大于钾、钾大于磷，且随产量的提高，需肥量亦明显增加。其他元素严重不足时，亦能影响产量，特别是对高产栽培更为明显。玉米不同生育时期对氮、磷、钾三要素的

吸收总趋势：苗期生长量小，吸收量也少；进入穗期随生长量的增加，吸收量也增多加快，到开花达最高峰；开花至灌浆有机养分集中向籽粒输送，吸收量仍较多，以后养分的吸收逐渐减少。③玉米对水分的要求。玉米需水较多，除苗期应适当控水外，其后都必须满足玉米对水分的要求，才能获得高产。玉米需水多受地区、气候、土壤及栽培条件影响，总的趋势为从播种到出苗需水量少。试验证明，播种时土壤田间最大持水量应保持在$60\%\sim70\%$，才能保持全苗；出苗至拔节，需水增加，土壤水分应控制在田间最大持水量的60%，为玉米苗期促根生长创造条件；拔节至抽雄需水剧增，抽雄至灌浆需水达到高峰，从开花前$8\sim10$天开始，30天内的耗水量约占总耗水量的一半，该期间田间水分状况对玉米开花、授粉和籽粒的形成有重要影响，要求土壤保持田间最大持水量的80%左右为宜，是玉米的水分临界期；灌浆至成熟仍耗水较多，乳熟以后逐渐减少。因此，要求在乳熟以前土壤仍保持田间最大持水量的80%，乳熟以后则保持60%为宜。④玉米对温度的要求。玉米是喜温的、对温度反应敏感的作物。不同生育时期对温度的要求不同，在土壤、水、气条件适宜的情况下，玉米种子在$10\ ^\circ\text{C}$能正常发芽、$24\ ^\circ\text{C}$发芽最快。拔节最低温度为$18\ ^\circ\text{C}$，最适温度为$20\ ^\circ\text{C}$，最高温度为$25\ ^\circ\text{C}$。开花期是玉米一生中对温度要求最高，反应最敏感的时期，最适温度为$25\sim28\ ^\circ\text{C}$。温度高于$32\sim35\ ^\circ\text{C}$，大气相对湿度低于30%时，花粉粒因失水失去活力，花柱易枯萎，难于授粉、受精。所以，只有调节播期和适时浇水降温，提高大气相对湿度保证授粉、受精、籽粒的形成。花粒期要求日平均温度在$20\sim24\ ^\circ\text{C}$，如遇低于$16\ ^\circ\text{C}$或高于$25\ ^\circ\text{C}$，影响淀粉酶活性，养分合成、转移减慢，积累减少，成熟延迟，粒重降低减产。⑥玉米对光照的要求。玉米是短日照作物，喜光，全生育期都要求强烈的光照。出苗后在$8\sim12$小时的日照下，发育快、开花早，生育期缩短，反之则延长。玉米在强光照下，净光合生产率高，有机物质在体内移动得快，反之则低、慢。玉米的光补偿点较低，故不耐阴。玉米的光饱和点较高，即使在盛夏中午强烈的光照下，也不表现光饱和状态。因此，要求适宜的密度，一播全苗、要匀留苗、留匀苗，否则，光照不足，大苗欺小苗，造成严重减产。⑦玉米对二氧化碳的要求。玉米具有C_4作物的特殊构造，从空气中摄取二氧化碳的能力强，远远大于麦类和豆类作物。玉米的二氧化碳补偿点为$1\sim5$毫克/千克，说明玉米能从空气中二氧化碳浓度很低的情况下摄取二氧化碳，合成有机物质。玉米是低光呼吸高光效作物。

第四章　玉米杂交种及其选用

61. 为什么要买通过审定的玉米种子？

在购买玉米种时，要购买国审或者省审的种子。因为，审定过的种子，都是在当地做过几年试验的，从生长情况、病虫害以及最终的产量方面，均符合了要求，才会审定通过；所以这样的种子种植起来有保障，而那些未审定种子，无论怎么夸大宣传，也建议大家不要购买。

62. 玉米高产与株型的关系如何？

玉米的产量与株型关系密切。从株型上，可以把玉米分成两大类型，平展型玉米和紧凑型玉米。平展型玉米，即叶片平展，外伸广阔，以便尽可能多地获取阳光雨露，来养活玉米棒子上的种子。由于其在争夺空间上有优势，每一株又能结出较多的玉米籽粒，所以，在种植历史中成为唯一为人们司空见惯主要株型。平展型玉米的每个单株都会占据较大的面积，一般种植密度在每亩3 000～3 500株，其中下部叶片才能得到足够的光照，保证正常的生长发育至成熟，最高亩产量可达到 600 千克以上。如果进一步增加种植密度，会导致中下部叶片受光不足，光合作用效能降低，总产量不但不会增加，反而还要减产。紧凑型玉米株型十分紧凑，上部叶片向上挺举，中下部叶片较平展。上部叶片挺举的好处是能够减少对中下部叶片的遮阳，单株所占面积比平展型玉米小，每亩可种植 4 000～4 500株，种植密度能够增加 30％以上，而单株产量并不比平展型玉米差，从而保证了玉米的产量。紧凑型玉米的选育并不是一件简单的事情，它需要将理想的株型、良好的丰产性、抗倒伏性和抗病虫害能力等许多优良遗传基因，通过杂交选育到一个品种当中。可见，不同株型的选择对粮食增产至关重要。

63. 玉米产量品质和轴色有关吗？

玉米穗的轴色只是一个性状，不存在红、白轴哪个更好的问题。在生物遗传角度上，红、白轴属于显性与隐性的关系，红轴是显性，白轴是隐性，在育种上通过杂交、回交的方式都可以实现该性状的转移，因此，不存在哪一个更好的说法。穗的轴色同产量、品质也没有什么关系。玉米产量高低，取决于穗粒数、千粒重以及亩穗数的多少，当然，田间管理是玉米高产的重要因素之一。玉米品质无论是商品品质、营养品质，还是外观品质，也与穗轴色无关。不同地区有不同的习惯，很多农民说红轴玉米好，脱水快、好卖粮，实际上是以郑单 958 为代表的白轴玉米和以先玉 335 为代表红轴玉米之间的较量。

64. 品种混种能增产吗?

不少农民种植玉米时，愿意把两个或多个玉米品种种植在同一个地块里，甚至把两个或多个品种混在一起种，这种种植方法确实能多打粮食。一般情况下，将两个或多个玉米品种搭配混种在同一个地块，每亩可增产粮食 20～30 千克。这种方法不需要增加任何投入，而且技术简单易操作。其增产的机理为，玉米当代杂交优势的利用。玉米不同品种间存在花粉直感现象，其当代杂交优势强弱变化为杂交＞自由授粉＞自交；玉米制种和自交系繁殖也存在花粉直感现象。同一个自交系，做母本制种就比繁殖自交系产量高出 50～75 千克，其原因之一就是该自交系接受了父本花粉的缘故。农民在种植玉米上利用杂交优势的方法有很多，如在同一个地块种植两个不同的品种，或按一定种植比例将几个玉米品种间种或混种，充分发挥它们的当代杂交优势，减少同一品种间姊妹交的机率，从而达到增产的目的。玉米不同品种混种时应注意选择血缘关系较远的玉米杂交种，玉米增产效果会更好；不同玉米品种生育期要接近，熟期相差不要太多；选的玉米品种籽粒颜色要一致；株高也应该接近，否则出现高欺负矮的情况。

65. 新种子和陈种子的区别有哪些?

在自然仓储条件下，玉米杂交种的生活力随储存时间的延长而下降，并且储存时间越长，生活力下降越严重。①形态上的区别，主要表现在种子光泽上。与新种子（同一品种）相比，陈种子经过长时间的储存干燥，种子自身呼吸消耗养分，往往颜色较暗、胚部较硬，用手掐其胚部角质较少、粉质较多。陈种子易被米象等虫蛀，往往胚部有细圆孔等。将手伸进种子袋里面抽出时，手上有粉末。②生理上的主要表现种子活力降低。陈种子生活力弱，发芽率和发芽势都比新种子低；田间拱土能力差，这也是生产上常发生的"有芽无势"的原因，"有芽无势"指，种子在土中已发芽但扭曲，无法露出地面形成幼苗。

目前，种子企业储藏条件均较好，大多数将种子储藏在山洞里或冷库里，有的干脆在西北干燥条件下低温储藏。在低温干燥环境条件下储藏的种子，2～3年时间内种子活力不会有明显的变化。因此，在玉米生产上，也不要完全抵制陈种子，不用是陈种子就担心，关键看储藏条件和种子的活力情况。

66. 在选购种子时，应注意的问题有哪些？

① 到具备资质、证照齐全、守信用的种子经营单位购种。从事种子经营必须持有种子经营许可证和营业执照，否则就属于违法经营。申领种子经营许可证必须具备相应的条件，如承担民事责任的能力、必要的经营设施、技术力量等。在具备资质、证照齐全的经营单位中，注意挑选信誉高服务好的单位购种，使用中更为放心，即使真的出现问题，也便于解决。千万不可在集市上从不相识的人那里购买种子，以防上当。②注意选用适宜品种。对主要农作物品种（水稻、小麦、玉米、大豆、棉花等）的管理实行审定制度，审定通过的品种是经农业行政主管部门组织有关单位按照严格程序进行试验、筛选出的适宜种植的优良品种，这些品种使用安全、性能适宜、有推广价值。非主要农作物品种的选择也应注意品种的适应性。特别是到外地购种，包括各级农技服务组织到外地引种，不可盲目，要坚持先试验后推广的原则。此外，还要根据自己的栽培方式、地力条件、种植茬口选择对路的品种。③注意检查种子包装及种子标签。《种子法》规定，未包装的种子不准上市经营，经营的种子必须附有标签。广大农户购种时要选择包装良好、包装数量适宜的种子。同时，要注意检查包装物上标注的内容，未标注种子种类、品种名称、经营单位和地址的种子属于不合格种子，种子种类、品种名称、产地与标签标注不符的应视为假种子，千万不要购买。没有标注种子质量指标或标注指标低于国家标准的属于劣种，这样的种子也不要购买。另外，注意标签中介绍的品种特征、特性是否符合自己的需要，栽培技术要点是否符合自己的生产条件。有些种子经营单位在种子包装时采取了防伪措施，广大农户可根据需要按防伪措施的特征或要求进一步识别所购种子的真假。④购种时要索取购种凭证，播种后要保存包装物，以利于出现种子纠纷时的处理。

67. 玉米自交系和杂交种的区别有哪些？

玉米自交系是玉米育种家将自然选择或人工创新的玉米材料连续自交、选择后，获得的遗传稳定、生长整齐一致的玉米品种，即通常我们所说的亲本。玉米自交系的好坏，直接关系到杂交种的好坏。玉米杂交种指两个或两个以上的自交系、品种杂交后所获得的种子，包括顶交种、双交种、三交种和单交种。顶交种指选用遗传基础广泛的品种（群体或综合种）与自交系间的杂交种。双交种，即两个单交种再进行杂交所获得的种子，双交种能够大幅度提高制种产量，但田间整齐度较差，增产幅度明显低于单交种，目前已经被淘汰。三交种，即一个单交种和一个自交系杂交生产的种子。三交种既保证了双交种制种产量高的特性，整齐度也比双交种好很多，增产幅度也比双交种高，目前，农业生产中，真正的玉米三交种也已经不用了。虽然，为提高制种产量，有时还采用两个姊妹自交系进行杂交作母本，再与另外一个亲本自交系进行杂交，来大幅度提高制种产量，降低种子生产成本，但这不是真正意义的三交种，一般称作改良单交种。单交种指两个亲本自交系杂交所获得的玉米种子。生产上使用的绝大多数品种均为单交种。单交种具有整齐度高、增产幅度大的特点。目前的玉米育种水平较高，自交系亲本的自身产量也很高，所以单交种的生产成本也很低。

68. 玉米杂交种后代为何不能再种？

就玉米来说，杂种第一代（F_1）的株高、茎叶、根系、雄穗、雌穗和籽粒，以及抗旱耐涝、抗病虫害和抗倒伏能力、光合作用强度等方面，都比亲本优越得多，因而产量也就更高。这些优越性的表现，便是一般所讲的杂种优势，也是利用杂种优势的理论依据。但玉米的杂种优势以第一代（F_1）最强。在生产上，如果将杂交种第一代种植收获后留种，下年继续种植，已是杂种第二代（F_2）。杂交种第二代的植株高矮不齐、果穗大小不一致、成熟早晚也不一致，杂种优势显著减弱，产量也大大降低。因为杂种第二代（F_2）是由杂种第一代自由授粉得来的，在其群体中株与株之间的遗传基础，已经不是最好的搭配了，而是好坏兼有，甚至接近原来父、母本自交系的遗传基础，导致分离出一些产量低的个体，使总产量随之显著下降。单交种第二代产量下降最多，其他类型的杂交种第二代也均表现不同程度的减产。所以，玉米杂交种不能留种，要年年配种，年年利用第一代，才能起到增产的作用。

69. 种子质量合格的标准有哪些？

我国衡量种子质量的指标主要包括品种纯度、种子净度、发芽率和水分4项。国家也有明确规定：一级种子，纯度不低于98%，净度不低于98%，发芽率不低于85%，水分含量不高于13%；二级种子，纯度不低于96%，净度不低于98%，发芽率不低于85%，水分含量不高于13%。

70. 如何选购优良玉米种子？

① 首先选择经过审定的品种。虽然，有些品种当年种植产量不错，一旦气候不宜，却可能遭受重大损失；购买种子一定要多选几个品种，以防气候不测，造成大面积减产；谨防购买到已被淘汰的品种，这类品种价位较低，有些不法商

贩专做此类生意坑害农民。②选种要注意品种的抗逆性。抗逆性主要指品种的抗病性、抗倒性、抗旱性、抗虫性、耐寒性等。简单来说，就是优先选择，在同一条件下，其他品种受害较重的情况下，受害较轻或者没有受害的品种。这种品种一般稳产性好。③审定品种的适宜区域一定包括欲种植的地区。正规的玉米种子外包装袋上必须标注审定编号，不同品种的包装袋上都有与之相对应的审定编号。不论是国审还是省级审定的玉米种子，一定要看适宜种植区域是否包含欲种植的地区。④购买后，一定要复检种子芽率。市场上确实有些种子生产商把陈种子包衣后销售，陈种子包衣后很难鉴别是否为陈种子，建议买回的包衣种子要在购买后 15 天内做发芽试验（做发芽试验时，应注意将包衣剂洗掉后再做），如果芽势弱（出芽时间长）、芽率低，是陈种子的概率大，建议退换。

71. 高秆大穗、晚熟、稀植品种为什么在减少？

长期以来，东北玉米主产区一直主推稀植、晚熟、高秆、大穗型品种。这主要由当时的生产水平决定，在以手工劳动为主的时代，农民当然喜欢选种晚熟、稀植、大穗品种，方便人工管理且有收粮对水分限制不严格等多种优势。随着玉米育种水平和机械化程度的提高，玉米育种者面临更严峻的挑战，即玉米育种方向转为，以调整种植群体大小求增产，要求精量播种、耐密植、抗倒伏、适宜全程机械化，收获时籽粒水分在 25% 以下，熟期以中早熟类型为主。所以，高秆大穗、晚熟、稀植品种正逐渐减少。

72. 良种为何与良法配套才能高产？

玉米良种良法配套，就是根据品种的生长发育特性，采取相应的种植方法，以发挥品种长处、克服不足，充分发挥出增产潜力，达到高产、稳产、高效的目的。品种不同，生长发育特性不同，要求栽培方法也不完全相同。丰产潜力大、增产潜力高的玉米品种，一般对于肥水条件和管理措施的要求也比较高。在生产实践中，这就要求根据每一个品种的具体特点来采取相应的栽培技术措施和管理方法，只有这样才能够尽可能发挥每一个品种的增产潜力。也就是说，良种良法配套才能实现高产、高效。

73. 在玉米引种时，应注意的问题有哪些？

一般来说，玉米引种用种应考虑以下几个原则或注意事项：①在生产上引种、推广一个品种应依据国家颁布的种子管理条例，要选择经过省、市级及以上的农作物品种审定委员会审定的品种。②需进行试种示范。因为各地的自然条件和生产条件不同，还有种植习惯的问题，要依据试验结果来确定能否在生产上推广，并要有配套的技术措施，如以高密度获得高产的品种往往要求较高的肥水条件。③北种南引或南种北引，都要特别注意，尤其是生产上缺种的条件下，盲目引种、推广可能会给生产造成重大损失。玉米起源于中美洲的热带地区，属短日照作物。一个玉米品种在日照时数少的情况下会表现早熟，在日照时数多的情况下会表现晚熟，生育天数会有很大的区别。④品种的生育期要和当地气候、土壤及栽培条件相适应，不要为了追求高产而选用偏晚熟的品种，特别是在一季春玉米区，因生育期太晚导致收获的籽粒含水量太高，而收获后气温较低，自然脱水很困难，并会影响玉米的商品品质。

74. 玉米种子萌发的条件有哪些？

玉米种子萌发需具备正常的发芽能力（内因），并需要适当的水分、温度、氧气（外因），缺一不可。①具有发芽力的种子。玉米授粉35天以后，进入乳熟末期的种子就已经充分成熟，种子具有生活力。②适宜的温度。玉米种子萌发所需最低温度一般为7～8℃，10～12℃能迅速发芽，最适温度25～35℃，高于40℃不能发芽。③适宜的水分。当种子吸水达到自身风干重的35%～37%（绝对含水量的48%～50%）时才能发芽，通常土壤含水量16%～18%时出苗快、出苗率高，土壤含水量低于13%不能出苗，达到14%开始出苗，超过19%时出苗率下降。④适宜的通气条件。种子发芽出苗需要氧气，如果土壤含水量超过80%，土壤氧气就无法满足种子发芽的要求。

75. 怎样计算玉米播种量？

在大田生产中，采用的传统的穴播、条播播下的种粒数通常是计划株数的3～4倍，精量播种、半精量播种播下的种粒数为计划株数的1.5～2.0倍。田间损失率按15%～20%计算。玉米的播种量应当根据种植密度、籽粒大小、发芽率高低来确定，可按下列公式计算：

$$每亩播种量（斤^*）=\frac{每亩穴数×每穴粒数×千粒重（克）}{500×1\,000×发芽率}$$

76. 春玉米播种期根据什么来确定？

玉米的适宜播种期因各地的气候不同，时间也不完全相同，需要认真掌握。通常以土壤表层5～10厘米温度稳定通过10℃以上时为播种适期。春玉米播种过早，玉米种子发芽时间较长，容易受到土壤中有害微生物的侵染而霉烂，引起

---

* 斤为非法定计量单位，1斤＝500克。

烂种、缺苗。这种情况在发芽势较弱的品种种子上表现得尤为突出。春玉米播种期一般在 4 月下旬至 5 月上旬。

77．影响春玉米播种期的因素有哪些？

① 温度。在其他条件适宜时，玉米发芽、出苗主要决定于环境温度的高低。水分和氧气适宜时，温度越高，发芽和出苗越快。推迟播种有利于出苗，但在生长期较短的地区，晚播易遭受秋季低温与霜冻害，籽粒不能正常成熟。所以生产上常把耕作层 5～10 厘米地温稳定通过 10 ℃的时间，作为玉米开始播种指标。② 水分。玉米发芽和生长要求适宜的水分。通常土壤含水量 16％～18％时出苗快、出苗率高，土壤含水量低于 13％不能出苗，14％开始出苗，超过 19％时出苗率下降。③ 日照。玉米全生育期日照时数对生育期有一定影响。南种北移生育期延长，北种南移则生育期缩短。我国北方生长季节短，南方品种移至北方种植，一般均不宜晚播。由于南方生长季节长，北方品种移至南方种植时，一般可以进行春播、夏播，有的还可以秋播。④ 地势和土壤。在同一纬度，随着海拔的增高，生育期延长，玉米的播种期应做相应的调整。由于盐碱地地势低洼、土壤含水量较多，春季地温上升慢，应适当迟播，以耕作层地温达到 13～14 ℃为宜。⑤ 品种熟期。晚熟品种生育期长，增产潜力大，适于春播。但在生长季节比较短的地区，必须强调早播，否则就不能及时成熟。早、中熟品种因生长期较短，一般可以夏播和秋播。在晚播情况下，晚熟品种不能正常成熟，产量反而不如早熟或中熟品种。

78．玉米播种过早容易带来的危害有哪些？

由生产实践经验可得出，玉米种子在气温为 6 ℃左右就可以发芽，但是发芽的速度很慢；在日平均气温 10 ℃以上的时候，玉米才能正常发育。因此，若播种时间过早，一些地区的气温还没有升上来，会降低种子的发芽速度，后期幼苗的长势不是很好。同时，播种过早，大田的地温还没有升上来，如果土壤含水量比较大，玉米种子在土壤里出不来，就会导致粉籽、烂籽的现象，从而降低种子的出苗率，后期还要进行大田补种，不仅增加生产成本，且幼苗长势不一致，从而影响玉米成熟的整齐度。由于播种过早，玉米种子正常发芽生长所消耗的养分会增多，导致种子储存的营养供给不足，玉米出苗后长势偏弱，植株的抵抗力下降，发生病虫害的危害可能性就会增加，随之引发一系列问题，直到影响最终的产量。如果播种时间过早，会使得后面玉米的授粉期以及灌浆期刚好赶上高温多雨的季节，这样就会导致玉米缺粒和秃尖的现象发生，从而造成产量的下降。

玉米播种时间不能过早，但也不是意味着播种越晚越好，如果播种过晚，误了农时，产量同样也会受到影响。由于区域不同，每个地方的播种时间不可能一致，一般情况下，可以根据当地的气温、土温、墒情、以及种植模式来定。比如土温的话，由于玉米的播种深度建议在 3～5 厘米，所以要稳定在 10 ℃以上，如果田间较湿，需等到无积水并且晒几天后，然后再进行播种。

79．玉米种子发芽率降低的原因有哪些？

① 种子成熟度差。种子的发芽率与成熟度呈正相关，成熟度好，则发芽率和发芽势高。②出现病虫的危害。由于个别自交系抗病虫性差，易感玉米穗腐病、大斑病及玉米螟。该类种子收获时与正常种子外表无差别，但放置一段时间后，由于穗腐粒腐的感染，发芽率明显降低。③收获后管理不到位。收获时的水分含量过高、晾晒过程中遇到高温或低温、机械脱粒时磨损、人工干燥时烘干温度过高过快、仓库时的虫鼠危害等。④种子活力的丧失。当玉米种子储藏时间超过一定年限，种子活力就会逐渐减弱，至完全消失。原因是种子在呼吸代谢的过程中，有毒物质不断积累及营养物质损耗，都在逐渐地降低种子的活力，从而降低种子的发芽率。

80．干旱对花丝接受花粉有什么影响？

花丝在伸出苞叶后的 7 天内，都能够接受花粉。大田环境下，一般吐丝后的 1～2 天就能授粉，授粉后的 24 小时内就完成受精。但发生干旱时，不仅花丝生长速度降低，花粉管的伸长生长的速度也会减慢 50％以上，花粉管需要 48 小时或更长的时间才能延伸到子房。由于花丝衰老失活是从基部靠近子房的一头开始，而花粉管是从顶部开始发育，一旦授粉推迟，干旱又引起花粉管伸长速度降低，很可能基部花丝在花粉管达到之前就已经失活，无法完成受精。但是，一般吐丝后的 24 小时内就能接收花粉，很少发生先吐丝后散粉的情况。此外，研究发现，即使在严重干旱的情况下，花粉粒仍然能在花丝上萌发，促进花粉管形成。因此，干旱影响花粉管发育、进而影响授粉和结实率的情况不常发生。

81．高温对散粉有什么影响？

雄穗位于植株上部，受阳光直射和潜在的高温影响。现有研究表明：高温对花粉的发育和花粉活性的影响，要远大于干旱。当雄穗持续处于高温环境下，花粉活性显著下降；而缺水处理时，即使叶片出现明显萎蔫，花粉活性也几乎不受影响。因此，在花粉的形成过程中，高温要比干旱影响更大。但是，由于群体的花粉供应量远远大于授粉的需求量，只有发生极端的高温天气，导致有效花粉的数量降低 80％以上时，才会因花粉不足引起结实问题。

第五章 玉米田整地与播种

82. 秸秆还田的优点有哪些?

① 增加土壤中的养分。玉米秸秆中含有一定的养分（包含氮、磷、钾，以及一些中微量元素），还田后，这样给土壤进行了很好的养分补充，在下季作物时，能给提供部分营养。②改良土壤结构。在微生物的作用下，秸秆腐烂后与土壤颗粒形成良好的团粒结构，使土壤疏松，提高了土壤的渗水率，可有效防止暴雨侵蚀和水土流失。试验证明，秸秆还田的土壤无龟裂、无板结，土壤含水量增加 2%～10%，改善了土壤生态环境，适于耕作和农作物的生长发育。③增加土壤微生物数量。玉米秸秆还田为微生物提供了丰富的碳源和能量，从而使微生物数量增加、活动增强，使土壤活性提高，增加了土壤中水肥的协调能力，最终可提高土壤的保水、保肥能力，为下季作物生长带来好处。④提高农产品品质。秸秆为土壤提供丰富的有机质含量，从而减少了化肥使用量，降低了农业面源污染和土壤污染，提高农产品品质。⑤改善生态环境。很重要的一点，大气污染程度会有所降低。在以前，每到秋收季节，焚烧秸秆会造成路上烟雾太大，看不到行人；而且住房也和地块离的不远，给正常生活都会带来一些影响。

83. 玉米秸秆还田的方式有哪些?

① 深翻还田。玉米收获后，将秸秆直接粉碎，进行深翻还田。②覆盖还田。玉米收获后，将秸秆放在田间，让其覆盖在土壤表面，播种时，直接进行免耕播种。③堆沤还田。把玉米秸秆制成堆肥、沤肥等，经过一系列发酵后施入土壤。④碳化还田。把秸秆做成炭基肥，然后直接还田。⑤过腹还田。把秸秆用作饲料，通过牛羊过腹转化，粪便再还田。

84. 秸秆直接还田应注意的问题有哪些?

① 注意数量。每亩地所能接受的秸秆数量是有限的，不要把多亩地的秸秆

集中到 1 亩地还田。②注意翻埋深度。将秸秆翻埋在 25 厘米以上，且覆盖严实，不能使洒在地面上的秸秆长时间裸露地面，经风吹日晒失水过多，降低还田效果。③注意粉细。秸秆还田时，要用大型秸秆粉碎机，使秸秆粉碎的长度在 5 厘米左右，以免秸秆过长土压不实，影响作物的出苗和生长。④足墒还田。秸秆分解依靠土壤中的微生物，而微生物生存繁殖要有合适的土壤墒情，如土壤过干会严重影响土壤微生物的繁殖，减缓秸秆分解的速度。如果土壤墒情较差，应及时灌水。⑤补充氮肥。秸秆还田后，土壤微生物在分解秸秆时，需要从土壤中吸收大量的氮，才能完成腐化分解过程，如果不增加化学氮肥，必然会出现微生物与下茬作物幼苗争夺土壤中氮的现象，影响幼苗正常生长。⑥防病虫害传播。秸秆还田是要选用生长良好的秸秆，不要把有病虫害的秸秆还田（如玉米丝黑穗病等），更不能直接用来翻埋还田，最好将带病秸秆运出处理，彻底切断污染源，以免病虫害蔓延和传播。

85．深翻的优点有哪些？

① 有效打破犁底层，加深耕作层，促进农作物健康生长。②提高土地蓄水保墒能力和抗旱除涝能力。③可以培肥地力。通过土地深翻的地块，改善了土壤当中气体的有效交换，增加了土壤的好气性微生物和矿物质的有效分解，达到培肥地力的效果。④提高作物的产量。

86．什么是土壤深松？土壤深松的好处有哪些？

土壤深松为一项耕作技术，指通过拖拉机牵引深松机具，疏松土壤，打破犁底层，改善耕层结构，增强土壤蓄水保墒和抗旱排涝能力。开展深松土壤作业有利于农作物生长，是提高农作物产量的重要手段之一，值得大力推广。

土壤深松的好处：①深松机械作业，不受地块的局限。可一次作业 2～3 垄，大块连片能作业，小块不连片也能作业，不影响机械工作效率。而且除茬深松一次作业后，即可播种，不像秋翻必须配春耙划印的工作程序才能播种。②可改善土壤的理化性状，打破犁底层、熟化土壤、加厚活土层，培植一个深厚的耕层，从而促进农作物的根系生长发育。③深松深度可达 25 厘米以上，才能达到深翻的效果。能打破犁底层增加耕层深度，能有效地提高土壤接纳雨水的能力。提高土壤的蓄水保墒能力及肥力，增加雨水渗透速度和数量，增加土壤储水能力，增加土壤含水量，有利于作物在不同需水期获得充分的水分供给，有利于根系生长、扩大养分、水分吸收范围，同时对除碱排涝也有显著作用。④增加土壤的空隙度，提高土壤通透性，增强作物根系的呼吸作用，进而提高根系吸收水肥的功能。追肥封垄时，深松地块回犁土多，覆盖得严；灭茬地块回犁土少，覆盖得不严。⑤深松地块下大雨渗得快，垄沟不形成径流；灭茬地下雨水渗得慢，垄沟往外淌水。深松地块保水能力增强，抗旱能力也增强。深松不翻转土层，使残茬、秸秆、杂草大部分覆盖于地表，既有利于保墒、减少风蚀，又可以吸纳更多的雨水；还可以延缓径流的产生，削弱径流强度，缓解地表径流对土壤的冲刷，减少水土流失，有效地保护土壤。⑥深松技术不打乱土层，保护表土，在一些黑土层较薄的白浆土区（不适于秋翻地块）只要坡度不大，也可以应用实施；而且能增加耕层厚度，加快亚耕层土壤的熟化。深松后，再施农肥，能有效提高地力。

87. 土壤深松应注意的问题有哪些？

① 应根据土壤墒情、耕层质地具体情况确定深度。一般耕层深厚、无树根、石头等硬质物质的地块宜深些，反之土层较薄（小于 28 厘米）和土壤内有砖头树根地块宜浅些。②作业季节土壤含水量较高、比较黏重的地块不宜进行全面深松作业，尤其不宜采用全方位深松机作业，以防以后出现坚硬干结而无法进行耕作，但可以间隔深松。③沙土地不宜深松作业，避免深松后水分渗透加快。④深松作业深度以 35～45 厘米为宜，不宜过浅（小于 30 厘米），以利于土壤水库的形成和建立。⑤机具作业入土时，应随机车入土，进行中不得急转弯和倒车，以防损坏机具。作业时，在主机能够正常牵引的挡位上尽可能大油门提高车速，以便获得理想的深松作业质量。

88. 免耕播种的好处有哪些？

免耕播种作业指，在地表秸秆覆盖或者留茬情况下，不耕整地或为了减少秸秆残留进行粉碎、耙、少耕后播种的一项先进作业技术。免耕有以下 5 方面的好处：①节约成本，提高效益。免耕直播省去了耕地作业，节省了作业费，可使播种期提前；若遇阴雨天，免耕更会体现争时的增产效应。②蓄水保墒，培肥地力。地表秸秆覆盖，土壤的水、肥、气、热可协调供给，干旱时土壤不易裂缝，雨后不易积水。与翻耕的玉米相比，生长快、苗情好；另外，肥料不易流失，产量也相应提高。③壮苗抗倒，增肥增效。免耕玉米表层根量多，主根发达，加之原有土体结构未受到破坏，玉米根系与土壤固结能力强，所以玉米抗倒伏能力强。④生态环保，持续发展。免耕种植使秸秆直接还田，有效地解决了焚烧秸秆带来的空气污染和资源浪费等问题；同时，减少农田扬尘，保护了环境。⑤减少侵蚀，保护耕地。在玉米收获之后，用残茬或秸秆覆盖至少 30% 土壤表面，可以减少风蚀水蚀，进而保护耕地。

89．什么是秸秆覆盖免耕播种方式？

① 秸秆粉碎还田覆盖。用联合收获机自带粉碎装置或秸秆粉碎还田机，在玉米收获后，将秸秆按要求的量和长度均匀地撒于地表。地表不平或杂草较多时，可用浅松或浅耙作业；秸秆过长时，可用粉碎机或旋耕机浅旋作业。②整秆还田覆盖。玉米整秆还田覆盖适合冬季风大的地区，人工收获玉米后对秸秆不做处理，秸秆直立在地里，以免秸秆被风吹走；播种时，将秸秆按播种机行走方向压倒，或用人工踩倒。③留茬覆盖。玉米高留茬覆盖还田，可采用机械收获时留高茬＋免耕播种作业，或机械收获时留高茬＋粉碎浅旋播种复式作业方式处理。

90．灭茬旋耕播种方式及其注意事项有哪些？

在秸秆切碎还田后的田地上，可一次性完成灭茬旋耕、施肥、播种、镇压等多道工序，与传统的耕作种植方式相比具有节约机械作业成本、节水、节能、省工、省时、省肥环保等优点。①适时科学起垄，苗全苗齐苗壮。玉米旋耕灭茬起垄播种为随时灭茬、随时起垄、随时播种、随时镇压的连环操作，各环节密不可分，互相联系，互相制约。当土壤温度稳定通过 10 ℃、土壤含水量小于22％时，可以进行起垄，杜绝起垄产生垡块以及播种质量差等问题，保证播种后种子具有良好的生长环境，达到出苗后苗齐、苗全、苗壮的目的。②合理配套机具，作业优质快速。玉米旋耕灭茬起垄机播种技术，指玉米灭茬、起垄由旋耕灭茬起垄机同时完成。旋耕灭茬起垄机的型号，应选择作业幅度为 55 厘米，并且安装18 把旋耕刀的机型。其能够达到最佳灭茬起垄的效果，灭茬率达到 98％以上，碎茬块小于 5 厘米，使起垄质量得到明显提高。起垄用的犁铧是旋转犁铧，犁铧长度为 46 厘米、宽度为 30 厘米最佳，能很好地防止起垄时产生垡块，提高起垄的质量。旋耕灭茬起垄机在平地工作时，动力机械的轮距没有严格的要求；而旋耕灭茬起垄机起垄在坡耕地作业时，应把动力机械手扶拖拉机的轮距调节到85～90 厘米。轮距增大，避免机械作业出现向两侧倾斜的现象，不但增加机械作业的稳定性，同时又提高了工作效率，是坡耕地作业安全优质的根本保障。③细心观察操作，实现增产增收。在操作旋耕灭茬起垄机起垄作业时，机械运行速度以2 档为最佳，过快运行容易造成垄体大小深浅不一，过慢运行降低成垄的工作效率。控制起垄耕深应调节旋转犁深手轮，以使耕深深浅适宜。在作业过程中，随时观察旋耕机旋刀是否正常工作，发现旋耕刀丢失或者损坏应及时安装旋耕刀；观察作业幅度大小变化，及时调整机械作业方向使其符合要求的作业幅度；观察起垄后播种床面是否有残留根茬的存在，发现后及时调整机械作业方向，提高旋耕机械旋转速度。在坡耕地灭茬起垄，要从坡的上方向坡下方开始起垄，提高犁铧翻土能力，减少动力的消耗，能够增强机械作业的稳定性；还要注意坡向、坡势的变化情况，随时调整机械作业的速度、犁铧翻土的深浅以及犁铧入土的夹角。操作机械时，保持机械匀速平稳运行，新的垄体要平整大小一致。旋耕灭茬起垄机起垄工作时，一定要按照操作规程进行作业，不论何时停车、地头转弯、向后倒车，首先必须拨动离合器杆，使动力完全停止输出状态，待旋耕机完全停止作业后，再进行向左、向右、向后的操作工作，这样可以完全避免机械伤人的情况发生。

91. 玉米高产需要什么样的土壤条件？

据观察，玉米根系垂直深度达 1～1.5 米，水平分布也在 1 米左右，要求土壤土层厚度在 80 厘米以上，耕作层具有疏松绵软、上虚下实的土体构造。熟化土层渗水快，心土层保水性能好，抗涝、抗旱能力强。土壤大小孔隙比例适当，湿而不黏，干而不板。水、肥、气、热各因素相互协调，以利于根系垂直和水平生长。良好的土壤条件是玉米生长发育的基础。玉米所需养分有 3/5 来自土壤，所以，要使玉米高产，必须创造良好的土壤条件。①土壤结构良好。玉米是需氧气较多的作物，土壤空气中含氧量达 10%～15% 适合玉米根系生长；如果含氧量低于 6%，就影响根系正常呼吸作用，从而影响根系对各种养分的吸收。高产玉米要求土层深厚，疏松通气，结构良好，土体厚度要求在 1 米以上，活土层厚应在 30 厘米以上，团粒结构应占 30%～40%，总孔隙度为 55% 左右，毛管孔隙度为 35%～40%，土壤容重为 1.0～1.2 克/立方厘米。②有机质与矿质营养丰富。高产玉米对土壤有机质的要求：褐土 1.2%、棕壤土 1.5% 以上；全氮含量大于 0.16%，速效氮 60 毫克/千克以上，水解氮 120 毫克/千克；有效磷 10 毫克/千克；有效钾 120～150 毫克/千克；微量元素硼含量大于 0.6 毫克/千克；钼、锌、锰、铁、铜等含量分别大于 0.15 毫克/千克、0.6 毫克/千克、5.0 毫克/千克、2.5 毫克/千克、0.2 毫克/千克。③适宜土壤水分状况。玉米生育期间的土壤水分状况是限制产量的重要因素之一。据测试，玉米苗期土壤含水量为田间持水量的 70%～75%，出苗到拔节为 60% 左右，拔节至抽雄为 70%～75%，抽雄到吐丝期为 80%～85%，受精至乳熟期为 75%～80%，乳熟末期至蜡熟期为 70%～75%，蜡熟到成熟期为 60% 左右。④酸碱度适宜。土壤过酸过碱对玉米生长发育都有较大影响。据研究，氮、钾、钙、镁、硫等元素在 pH 6～8 时有效性最高，钼、锌等元素在 pH 5.5 以下时溶解度最大。玉米对 pH 的适应范围为 pH 5～8，但以 pH 6.5～7.0 最好。玉米耐盐碱能力低，盐碱较重的土壤必须经改良后方可种植玉米。

92．玉米田如何培肥地力？

① 增施有机肥料。增施有机肥料可直接为玉米提供各种丰富的营养，又能通过微生物分解作用产生腐殖化作用，合成土壤腐殖质，改善土壤理化性状和结构，增加土壤胶体数量和品质，提高土壤保肥保水能力。同时，还可活化土壤中部分迟效性磷、钾元素，并产生对玉米生长有用的生理活性物质。②秸秆还田。可以增加土壤中的有机质含量，培肥地力，改善土壤团粒结构，增加孔隙度，提高保水保肥能力。玉米秸秆还田，施用化肥，可较好地发挥化肥的肥效，提高氮肥利用率 10%～12%，提高磷肥利用率 15%～20%。据多年调查研究和田间试验，玉米秸秆内含氮量为 0.6%、含磷量为 0.27%、含钾量为 2.28%，有机质含量达到 15%左右。亩鲜玉米秸秆 1 000 千克相当于 3 200 千克土杂肥的有机质含量，氮、磷、钾含量相当于 15.75 千克碳酸氢铵、8 千克过磷酸钙和 5 千克硫酸钾。连续 3 年实施玉米机械秸秆还田区，增加土壤有机质含量 0.15%～0.2%，速效磷增加 4.5 毫克/千克、速效钾增加 25～30 毫克/千克，土壤全氮、全磷、全钾量分别提高 0.005%、0.018%、0.90%，土壤容重下降 0.08 克/立方厘米，总孔隙度提高 4.58%。③深耕。深耕结合施有机肥或秸秆还田，是培育肥沃玉米土壤的重要技术措施。它能加厚耕层，改善土壤结构和耕性，促进微生物活动，促进土壤熟化。深耕可以打破紧实的犁底层，增加土壤通透性，改善土壤水、气、热状况。各土层间的肥力因素互相交换加强，扩大玉米根系吸收范围，为玉米地上部生长奠定良好的基础。④合理轮作。玉米与大豆或花生轮作，大豆、花生根瘤菌可提高土壤肥力，玉米可利用通过种植大豆或花生培养的地力。

93．土壤耕作的作用有哪些？

土壤耕作能够改善土壤结构，为种植作物提供良好、有益的土壤环境，促进农作物提高产量。具体作用包括：①可增加土壤空隙度，利于接纳和蓄积雨水；②通气状况改善，使土壤有毒气体不能积累；③供给根系空气，促进好气微生物的活动，有助于使有机质矿化为速效养分。通过机械作用，创造良好的耕层构造和孔隙度，调节土壤中水分和空气状况，从而调节了土壤肥力因素之间的矛盾，为高产奠定基础。

94．玉米田土壤耕作的方法有哪些？各有什么特点？

土壤耕作包括土壤初级耕作和次级耕作。初级耕作，又称基本耕作，指入土较深、作用较强烈、能显著改变耕作层物理性状、后效较长的一类土壤耕作措施；包括翻耕、深松耕和旋耕。次级耕作，或称表土耕作，是配合基本耕作措施使用的入土较浅、作用强度较小，旨在破碎土块、平整土地、消灭杂草，为作物创造良好的播种出苗和生产条件的一类土壤耕作措施，表土耕作深度一般不超过10厘米，包括耙、耱、镇压、中耕和起垄作业等。

翻耕是世界各国采用最普遍的一种耕作措施。主要工具是有铧式犁，有时也用圆盘犁。翻耕的特点：①翻土，可将原耕层上层土翻入下层，下层土翻到上层；②松土，使原来较紧实的耕层翻松；③碎土，犁壁有一曲面，犁前进的动力使垡片在曲面上破碎，进而改善结构。

深松耕是以无壁犁、深松铲、凿形铲对耕层进行全田的或间隔的深位松土，不翻转土层。耕深可达25～30厘米，最深为50厘米。适合于干旱、半干旱地区和丘陵地区，以及耕层土壤瘠薄、不宜深耕的盐碱土。深松耕的特点：①分层松耕，不乱土层，打破犁底层；②可以分散在各个适当时期进行，间隔松耕，节省动力；③保持地面残茬覆盖，防止风蚀，防旱防涝；④特别是盐碱地松耕，可以保持脱盐土层位置不动，减轻盐碱危害。

旋耕是利用犁片的转动打碎、掺和土壤，同时切碎残茬、秸秆和杂草。旋耕的特点，既能松土又能碎土，地面也相当平整，集犁、耙、平三次作业于一体。

耙地的作用是疏松表土，耙碎耕层土块，解决耕翻后地面起伏不平的问题，使表层土壤细碎，地面平整，保持墒情，为作畦或播种打下基础。一般用圆盘耙在耕翻后连续进行作业。

耱地多在耙地后进行，也可与耙地联合作业，在耙后拖一树枝条编的耱子即可。它可使地表形成覆盖层，为减少土壤水分蒸发的重要措施，同时还有平地、碎土和轻度镇压的作用。

镇压指将重力作用于土壤，具有压紧耕层、压碎土块、平整地面和提墒的作用。一般作用深度3～4厘米，重型镇压器可达9～10厘米。镇压器种类很多，简单的有木磙、石磙，大型的有机引V形镇压器、环形镇压器。

中耕是在农田休闲期或作物生长过程中进行的表土耕作措施，能使土壤表层疏松；能很好地保持土壤水分，减少地面蒸发；在湿润地区，或水分过多的地上，还有蒸散水分的作用。中耕还可以调节地温，尤其在气温高于地温时，能起到提高地温的作用。因为中耕松土改善了水分、温度和空气状况，从而改善了土壤养分状况。

起垄可以增厚耕作层，利于作物地下部分生长发育，也利于防风排涝、防止表土板结、改善土壤通气性、压埋杂草等。有先起垄后播种、边起垄边播种及先播种后起垄等作法。

精细耕作法指作物生产过程中由机械耕翻、耙压和中耕等组成的土壤耕作体系。少耕指在常规耕作基础上减少土壤耕作次数和强度的一种保护性土壤耕作体系。免耕是保护性耕作采用的主要耕作方式。保水耕作是对土壤表层进行疏松、浅耕，防止或减少土壤水分蒸发的一类保护性耕作方法。

联合耕作法是指作业机在同一种工作状态下或通过更换某种工作部件一次完成深松、施肥、灭茬、覆盖、起垄、播种、施药等多项作业的耕作方法。

95．播前如何准备种子？

玉米种子在播种前，需要认真做好种子的准备工作，这项工作做好了，玉米抵抗病虫害和适应不良环境的能力将大大增加。对于购买了未包衣的种子，需要做好5个方面的工作。①精选种子。剔除小粒、秕粒、碎粒及病虫粒，选留大小均匀、色泽一致、具备该种特点的丰满籽粒作种子。②晾晒种子。可以增强种子的发芽势，降低含水量，提高发芽率，提早出苗1～2天，并能减轻玉米的病害。播种前，选晴天将种子摊在干燥向阳的地上或席上，连续晒种2～3天。③浸种。将种子在某种溶液中浸泡一定时间，捞出后直接播种或阴干后再播种，根据浸种所用溶液的不同，浸种的作用也各有差异。例如，采用磷酸二氢钾浸种，先将种子放在冷清水中浸泡12～14小时，再放入50 ℃的温水中浸泡6～12小时，此后再用500倍液的磷酸二氢钾溶液浸泡8小时即可。④药剂拌种。药剂拌种是防治地下害虫的有效方法。⑤药膜包衣。用呋喃丹12%、三唑酮1.5%、多菌灵3.5%、锌肥和成膜剂，制成包衣剂，按包衣剂和种子1∶40的比例均匀地将其涂附在种子外表，晾干成膜后播种，可促进幼苗生长，增加产量，并对病原菌和地下害虫有一定的预防作用。

96．什么是种衣剂？

将干燥、清选、分级的种子，用含有黏结剂的农药组合物包裹，使种子外形成具有一定功能和包覆强度的保护层，这一过程称为种子包衣，包在种子外边的组合物质称之为种衣剂。种衣剂是在拌种剂和浸种剂基础上发展起来的，其最大优点是能在种子外面形成一层比较牢固的薄膜，因此得名种衣剂。种衣剂有效成分主要有氟虫腈、咯菌腈、精甲霜灵、吡虫啉、苯醚甲环唑、多菌灵、福美双、克百威等。

97．玉米常用的种衣剂有哪些？如何进行人工包衣？

进口杀菌型种衣剂：顶苗新、立克秀、卫福、武将、满适金、适乐时、金阿普隆、亮盾、敌委丹、适麦丹、扑力猛、全蚀净等。进口杀虫型种衣剂：帅苗、劲苗、高巧、锐胜等。

我国种衣剂登记的品种虽然很多，但有效成分多局限在克百威（carbofuran)、福美（thiram）和多菌灵（carbendazim）三大品种。

国外厂家主要有瑞士先正达、德国拜耳等。国产的种衣剂生产厂家有山东华阳科技股份有限公司、北农（海利）涿州种衣剂有限公司、天津科润北方种衣剂有限公司、江苏华农种衣剂有限责任公司、绩溪农华生物科技有限公司、吉林八达种衣剂公司等。

目前，大多数的种子，已由种子企业进行了包衣处理，使用包衣机包衣均匀、质量好、效率高。对于少量的可以采用人工包衣，具体方法是将药加入盛种子的容器内后均匀搅拌，便于药和种子充分混合；或用小型的搅拌机进行，效果更好。在操作过程中，要严格按照操作规程进行，用量应严格按照说明使用，切勿随意加量，避免对种子发芽产生影响。操作过程中穿防护衣、戴胶皮手套、口罩等；完成后对用过的工具要进行妥善处理，同时打扫现场，收拾干净散落地上拌过药的种子，严防畜禽误食中毒；最后要用肥皂水洗净手、脸，确保安全。

98. 使用种衣剂的好处有哪些？

① 促使良种标准化、丸粒化、商品化。用种衣剂包衣后提高种子质量，使出苗齐、全、壮得到保障，并节省种子。另外，带有警戒色，杜绝了粮、种不分。②促进植株生长。玉米种衣剂里含有促进植株生长的微肥和激素。经过包衣的种子，表现为幼苗根系多、短而粗、长势强。③预防病虫害的发生。玉米种子经包衣后，播进土壤里，在种子周围形成保护屏障，为种子消毒和防治病原菌侵染，种衣剂含有的锰、锌、钼、硼等微量元素，可有效防治作物营养元素缺乏症。当种子吸水膨胀、萌动、发芽、出苗、成长时，药膜不会马上溶化，内吸性药剂从药库中缓慢释放，逐渐被玉米根系吸收，传导到幼苗的根系各部位，持续发挥防治病虫害的药性作用。④能够减少污染。玉米种子包衣把原来开放式施药改为隐蔽式施药，不但推迟了大田苗期施药时间，而且减少了苗期施药次数，从而减少了空气及地表污染。⑤提高产量，促进生根发芽，刺激植株生长。

99. 玉米种子有必要二次包衣吗？

国家对种子包装标示有明确的规定，必须标注有药剂成分及含量，买回种子看看包装背面就一目了然了。至于是否需要二次包衣，专家认为，通常情况下，正规厂家出厂的玉米品种如已经包衣，则无须二次包衣（有特殊要求的除外），以免产生药害。

100. 玉米种子包衣有哪些注意事项？

① 不宜浸种催芽。因为种衣剂溶于水后，不但会使种衣剂失效，而且溶水

后的种衣剂还会对种子的萌发产生抑制作用。②不宜用常规方法测定芽率。因为包衣种子的试芽、测芽试验非常复杂，技术要求较高，并且不易掌握，常规测芽方法不但发不出芽，而且还会使种子丧失使用价值，甚至发生药剂中毒事故。所以，使用包衣种子，可不必进行试芽，如果测试芽率，至少应该把包衣剂洗掉，再进行测试。③不宜与敌稗类除草剂同用。先用敌稗除草，必须 3 天后再播种，若先播种就不要再用此类除草剂。④不宜用于盐碱地播种。因为种衣剂遇碱会失效。所以，在 pH 大于 8 的地块上不宜使用包衣种子。⑤不宜用于低洼地易涝地。因为在地下水位高的土壤环境条件下使用，包衣种子处于低氧环境极易造成包衣种子酸败腐烂，引起缺苗。

101. 如何确定玉米的播期？

有些农民朋友误认为玉米播种越早越好，往往会造成出苗不好。玉米种子一般在 6～7 ℃时即可发芽，但发芽极为缓慢。播种过早，早春气温变化剧烈，种子萌发后容易受冻害而丧失生活力，降低出苗率；另外，播种过早，玉米种子发芽时间较长，容易受到土壤中有害微生物的侵染而霉烂，引起烂种缺苗。这种情况在发芽势较弱的品种种子上表现尤为突出。玉米的适宜播种期因各地的气候不同，时间也不完全相同，需要认真掌握。通常以土壤表层 5～10 厘米温度稳定通过 10 ℃以上时为播种适期。同时，土壤含水量在 15％以上。

102. 玉米的播种方法有哪些？

玉米播种有人工播种和机械播种两种方式。人工播种方式又分为三种类型，第一种为开沟点播的方法，通常用镐开沟，施入底肥覆上土，踩底格，再按照一定株距点播，也可以施肥、播种同时进行，但要注意的是肥、种要分开，防止肥料烧种；第二种方法为等距离刨埯，施入肥料，间隔一定距离再播种；第三种是使用扎眼器等距播种。由于开沟点播方式在播种过程中会造成土壤水分的散失，因此适于土壤水分比较充足的地区；刨埯种植方式对土壤墒情影响轻，可以最大限度地保留土壤水分，因此适于土壤墒情较差的地区。目前，人工播种使用扎眼器等距播种的较多。机械播种是利用机械播种机，同时完成开沟、施肥、播种、覆土等一系列的作业，是目前我国农村普遍采用的播种方式。由于采用机械作业，播种深度、施肥数量、植株间距均比较一致，在土壤墒情较好的情况下，玉米田间出苗率较高，而且省时、省工，播种效率高；但不适于地势不平、陡度较大的田块。

103. 单粒点播的好处有哪些？

① 省工、省时降低生产成本。由于是单粒播，省去间苗这一环节，较一般

穴播和人工点种省工。②节省用种。每公顷只需种子 20～25 千克，可减少种子用量的 30%～40%，从而降低种子投入成本。③增加产量。由精量点播的，株行距均相等，不但通风透光好，而且植株吸吮的养分和水分比较充足。苗齐、苗壮，产量比常规播种增产 6%～10%。④由于不用间苗，大大提高了除草效果和幼苗抗旱能力。

104．单粒点播应注意的问题有哪些？

① 种子活力高，成苗率在 95% 以上的方可用于单粒点播；②适当晚播，防止出苗不全不齐；③精细灭茬，整地；④种肥隔离，防止化肥烧种烧苗，一般要隔离 5 厘米以上；⑤防止地下害虫，除了包衣外，虫害发生严重的地块可以随种子或者化肥施入呋喃丹或辛硫磷颗粒剂；⑥低洼冷凉地，水田改旱田地不适宜单粒播种。

105．玉米的播种深度怎样确定？

播种深度要适宜，深浅一致，才能保证苗齐、苗全、苗壮。适宜的播种深度为 3～6 厘米，如果土壤墒情好、土壤含水量达到 70% 时，可相对浅些，一般 3～4 厘米；如果播种时，达不到需要的含水量，即比较干旱，可适当深一些，可达到 5～6 厘米。无论是采用机械播种，还是人工播种都有一个范围，最浅不能浅于 3 厘米，最深不能超过 6 厘米，每播深 1 厘米，玉米出苗晚 2～3 天。

106．播种前后镇压的作用有哪些？

播种前镇压，有利于精确控制播种深度；播种后镇压，使种子与土壤接触紧密，有利于种子吸水发芽。在气候干旱的北方地区，播种前后常需镇压，以便提墒。质地疏松的土壤，播种前后常需镇压，以便控制播深和保证种子与土壤密接。耕后立即播种的土地，播种前后常需镇压，以避免种子萌发后出现"吊根"现象。种子较小时，播种前后常需镇压，以便控制播种深度，通过减少水分散失和提墒保证种子所处的土壤浅表保持湿润状态。黏性土壤潮湿时不宜镇压，否则容易造成表土板结，阻碍种子顶土出苗。播种后及时镇压，是实现一次播好种、一次拿全苗的重要技术措施之一。镇压程度应根据土壤墒情来确定，土壤墒情好的应轻镇压，土壤墒情不好的重镇压。

107．春播玉米一次性全苗的要点有哪些？

① 抓住播种时机。春天的天气温度变化大，如果玉米播种时地温较低，就会导致发芽慢、易粉种、易发生丝黑穗病。因此，在气温稳定在 12 ℃ 以上、地

温在 10～12 ℃时播种为宜；并且，播种后要及时关注天气预报，如果寒潮即将到来，一定要及时浇水保温。②选择优良种子。在选择种子时，一定要选择符合国家标准的种子，这样才能保证种子的质量，为高产打下基础。③播种深度确保一致。玉米种子应播种在温度和湿度适宜的土壤内，如果是墒情较好的黏土，播种深度以 4～5 厘米为宜；在疏松的沙质壤土中要适当深播，5～6 厘米为宜。而且，需要注意播种时，要均匀一致。④种、肥要隔离。种、肥同播时，之间的距离应不低于 5 厘米，底肥越多，隔离距离应越大，才能避免烧种；否则，距离太近，易造成种子被肥料侵蚀，出现粉籽、烂籽现象。⑤做好杀虫灭草。使用封闭性除草剂时，一定要严格按照标注的浓度施用，否则，易发生除草剂药害。金针虫、地老虎、蛴螬、蝼蛄等都是危害玉米的地下害虫，它们会造成玉米缺苗，还会不同程度地影响产量。因此，一定要做好地下害虫的防治，保证出苗。

108. 玉米出苗不好的原因有哪些？

① 种子本身的问题。芽率低、芽势弱，种子大小不一，出苗不齐，大小苗严重。②整地粗放。坷垃多、墒情不匀或播种深浅不一。③镇压不当。过紧或过松，造成跑墒或土壤板结，影响幼苗的正常出土。④播种器漏播造成缺苗断条。⑤低温。地温低会降低种子的发芽率和发芽势。⑥干旱。播种时土壤含水量低，不能满足出苗的需要，造成芽干。⑦大雨。播种后遇大雨，尤其是比较黏的土壤，土表形成硬盖，幼苗无法正常出土或出土后卷曲。⑧地下害虫危害。主要以金针虫危害最重，咬断幼芽，造成缺苗断垄。⑨肥料施用不当。施肥不均匀、或种子与肥料直接接触，会烧坏幼芽。⑩药害。除草剂施用期及施用量不当造成药害。

109. 如何提高播种质量？

① 购买高质量的种子，包装袋无透气孔，籽粒大小一致。播前挑种，除去破粒、瘪粒；晒种，提高种子活力。②精细整地，做到地中无残茬、无秸秆、无坷垃，土壤细碎，垄台平整。三犁川打垄（原垄沟划一犁，施肥，两边原垄台各划一犁，覆土），保证肥料深施，提高肥效，避免烧苗。旋耕地块必须重镇压苗带。③如果地下害虫连年危害的地块，建议使用克百威进行二次包衣。④气温连续 7 天最低气温大于 8 ℃时，再开始播种，避免低温、高湿造成粉籽。⑤播前检查、调试器械。如检查孔眼是否堵塞，下籽是否顺畅、均匀。⑥播种时，如遇干旱，必须坐水。⑦播种时，需深浅一致，镇压得当，保证播后墒情。⑧除草剂不能在低于 15 ℃或高于 30 ℃的时候用药，用量不能超过最大量的 15％～20％。否则药害严重，避免在大风天和大雨前用药。⑨播后如遇大雨，黏土地块需及时破

除垄台上板结的土块。

110. 玉米苗期管理应注意的问题有哪些?

　　玉米从出苗到拔节这一阶段为苗期,夏玉米一般经历 20～25 天,春玉米为 40～45 天。该时期玉米的主要生长特点是地上部分生长缓慢,根系生长迅速。此阶段田间管理的中心任务是,促进根系生长,培育壮苗,为高产打下基础。苗期管理的主要技术措施有,查苗、补苗、间苗、定苗、中耕锄草、蹲苗促壮、追肥和防治虫害。①查苗、补苗。夏玉米播种后应及时查苗、补苗。补种的种子应先进行浸种催芽,以促其早出苗。如果补种的玉米赶不上原先播种长出的幼苗时,可采用移苗补栽的办法。移栽时间应在下午或阴天,最好是带土移栽,以利返苗,提高成活率。②间苗、定苗。间苗、定苗工作一般在 3～4 叶期进行,由于玉米在 3 叶期前后正处在"断奶期",要有良好的光照条件,如果幼苗期植株过分拥挤,株间根系交错,会出现争水、争肥的现象。研究表明,夏玉米在 5～9 叶期定苗比 3～4 叶期定苗,每亩减产 14%～27%,因此,间苗、定苗工作应及早进行。间苗、定苗的时间应在晴天下午,病苗、虫咬苗及发育不良的幼苗在下午较易萎蔫,便于识别淘汰。对那些苗矮叶密、下粗上细、弯曲、叶色黑绿的丝黑穗侵染苗,应彻底剔除。③中耕除草。在玉米苗期,中耕一般可进行 2～3 次。定苗以前幼苗矮小,可进行第一次中耕,中耕时要避免压苗。中耕深度以 3～5 厘米为宜,苗旁宜浅,行间宜深。此次中耕虽会切断部分细根,但可促发新根,控制地上部分旺长。套种玉米田在苗期一般比较容易发生板结,在麦收后,应及时中耕,去掉麦茬,破除板结。④蹲苗促壮。蹲苗应从苗期开始到拔节前结束。蹲苗应掌握"蹲黑不蹲黄,蹲肥不蹲瘦,蹲干不蹲湿"的原则。套种玉米播种生长条件较差,一般不宜蹲苗,应抓好水肥管理工作,促弱转壮。⑤追肥。据研究,磷肥在 5 叶前施入效果最好,磷、钾肥和有机肥应在定苗前后结合中耕尽早施入。⑥防治虫害。玉米苗期害虫种类较多。目前,苗期危害玉米的主要害虫有地老虎、蚜虫、蓟马、棉铃虫、灯蛾、麦秆蝇等,应及时做好虫情测报工作,发现害虫及时防治。

第六章　玉米种植方式

111．什么是间作？间作在生产上有什么意义？

间作指将两种或两种以上生育季节相近的作物，在同一块田地上，于同时或同季节，进行成行或成带地相间种植。间作与单作相比是人工复合群体，个体间既有种内关系，又有种间关系。间作是我国农民的传统经验成果，是农业上的一项增产措施。间作种植可充分利用光能，提高光能利用率；可保证良好的通风，提供更多的 CO_2，提高光合作用速率；可充分利用不同地层的水和矿质元素；增加土壤肥力，改良土壤。

112．玉米间作的方式有哪些？

通风透光好，且充分利用边行优势。在玉米栽培上，采用和矮秆作物合理间作，立体种植，能充分发挥有效时间、空间、地力、光能及边行优势的作用。例如，玉米和西（甜）瓜、花生、大豆、辣椒等作物合理配置间作，经济效益比单作翻一番。

113．什么是套种？套种的作用有哪些？

套作指，在同一块田地上，于前季作物的生育后期，在其株行间，播种或移栽后一季作物。间作和套作的区别是两种作物共生期长短、生长季节、提高光能利用率途径不同。①充分利用生长季节，实现一季多收，高产高效。如中国北方一年一熟地区实行套作，可达二年五熟；南方在复种一年二至三熟的基础上套作后，可达五至六熟。②充分利用光能。套种能够合理配置作物群体，使作物高矮成层。如玉米田套种香菇，充分利用玉米高度遮挡阳光，给香菇生产提供弱光条件。③用地、养地相结合，实行粮肥间套、粮豆间套，以地养地，既增产粮食，又培肥地力，有利持续增产。④抑制病虫害发生。间作、套种增加了生态系统的生物种类和营养结构的复杂程度，能提高生态系统的稳定性，减少病害发生。如胡萝卜、莴笋、洋葱或甘蓝等蔬菜与马铃薯间作、套种可阻碍马铃薯晚疫病的发展。

114．套种的方式有哪些？

套种是种植两种生长季节不同的作物，在前茬作物收获之前，播种后茬作物。两种作物既有构成复合群体共同生长的时期，又有某一种作物单独生长的时期；既能充分利用空间，又能充分利用时间；是提高土地利用率，充分利用光能的一种有效措施。玉米与小麦套种，或玉米与蔬菜、大蒜、豆类、薯类套种，不但可以增加绿色面积、充分利用空间、延长生育季节、增加复种指数，而且还能提高单位面积粮食产量。如春小麦套种中早熟玉米，不但可以增加有效积温、提高热量资源的利用率，而且可以使玉米、小麦双丰收。

115．辣椒套种玉米的好处有哪些？

辣椒套种玉米对辣椒产量的影响很小，可忽略不计，也不影响辣椒转色，每亩还能多收二三百千克玉米，增产、增效；而且能减轻中后期辣椒的日灼病、病毒病的发生程度。当辣椒砍后晾晒，还能立起当架杆使，在地里晾晒期如遇雨，相比平铺的可减少花皮果的数量。

辣椒在生长过程中有"三怕"，即怕涝、怕高温和怕高湿。一遇见高温、高湿天气，辣椒就会大面积落叶、落花、落果，俗称"三落"，"三落"会使农民大伤脑筋。然而，在两种植物共生的情况下，利用玉米强大的根系吸水抗涝，利用玉米宽大的叶片为辣椒遮阳调温，辣椒可免受高温高湿的折磨，在田间形成一个有利于辣椒生长得小气候。

另外，玉米还可将大量害虫引向玉米秆，可有效减轻辣椒病虫害的发生。这样生产出来的辣椒果肉厚、着色好、病椒少、产量高，大大提高了辣椒生产的经济效益。预计亩产鲜椒可达 2 250～2 500 千克，干椒至少达到 500 千克以上。同时，额外每亩还可增收 150～200 千克的玉米收益，可谓一举两得。

在玉米与辣椒两种作物套种共生的过程当中，双方对土壤营养的需求有一定的互补作用，只要按辣椒的需肥特性施肥就可满足玉米的需求。玉米为高光效作物，生长过程中需要强光照射才能发育良好。辣椒套种玉米，高矮不一，玉米可充分受光，且给辣椒提供遮阳护凉，可有效地抑制并降低辣椒的日灼程度。

116．玉米间作套种应注意的问题有哪些？

实行间作套种，需要注意以下问题：①从株型上，要一高一矮、一胖一瘦，即应用高秆作物和矮秆作物搭配，以形成良好的通风透光条件和复合群体，如玉米与马铃薯、玉米和大豆搭配；②从根系分布上，要一深一浅，即深根作物与浅根系喜光作物搭配，这样可以充分有效利用土壤中的水分和养分，促进作物生长发育，达到降耗增产的目的；③从品种生育期上，要一早一晚，即主作物成熟期应早些，副作物成熟期应晚些，这样可以在收获主作物后，使副作物获得充分的光能，优质丰产，主副作物生产两不误。

117．什么是复种？复种的作用有哪些？

一年内，于同一田地上，连续种植两季或两季以上作物的种植方式。如麦-玉一年二熟，麦-稻-稻一年三熟；此外，还有二年三熟、三年五熟等。除了于上茬作物收获后，采用直接播种下茬作物于前作物茬地上以外，还可以利用再生、移栽、套作等方法达到复种目的。

复种主要应用于生长季节较长、降水较多（或灌溉）的暖温带、亚热带或热带，特别是其中人多地少的地区。主要作用是提高土地和光能的利用率，以便在有限的土地面积上，通过延长光能、热量的利用时间，使绿色植物合成更多的有机物质，提高作物的单位面积年总产量；使地面被覆盖的时间增加，减少土壤的水蚀和风蚀；充分利用人力和资源。耕地复种程度的高低通常用复种指数或种植指数来表示。

118．玉米复种的形式有哪些？

中国各地的复种方式，因纬度、地区、海拔、生产条件而异。在作物能安全生育的季节内，种一熟有余、种二熟不充裕的地区，多采用二茬套作方式，以克服前后作的季节矛盾，或在冬作收获后，夏季播栽早熟晚秋作物。在冬凉少雨或有灌溉条件的华北地区，旱地多为小麦-玉米二熟、小麦-大豆二熟，或春玉米-小麦-粟二年三熟。在冬凉而夏季多雨的江淮地区，普遍采用麦-稻二熟，或麦、棉套作二熟。在温暖多雨、灌溉发达的长江以南各地，除采用麦-稻二熟、油菜-稻二熟和早稻-晚稻二熟外，还盛行绿肥-稻-稻、麦-稻-稻、油菜-稻-稻等三熟制，华南南部还有三季稻的种植方式。旱田主要采用大、小麦（蚕豆、豌豆）-玉米（大豆、甘薯）二熟制，部分采用麦、玉米、甘薯套作三熟制。

119．什么是轮作？轮作的作用有哪些？

轮作是，在同一块田地上，有顺序地轮换种植不同作物或轮换不同的复种方式。轮作的作用，有以下5点：①轮作可均衡利用土壤中的营养元素，把用地和养地结合起来。②可以改变农田生态条件，改善土壤理化特性，增加生物多样性。③免除和减少某些连作所特有的病虫草的危害。利用前茬作物根系分泌的灭菌素，可以抑制后茬作物上病害的发生，如甜菜、胡萝卜、洋葱、大蒜等根系分泌物可抑制马铃薯晚疫病发生，小麦根系的分泌物可以抑制茅草的生长。④进行合理轮作换茬，那些寄生性强、寄主植物种类单一及迁移能力小的病虫，会因食物条件恶化和寄主的减少而大量死亡；腐生性不强的病原物，如马铃薯晚疫病菌等，由于没有寄主植物而不能继续繁殖。⑤轮作可以促进土壤中对病原物有拮抗作用的微生物的活动，从而抑制病原物的滋生。

120. 玉米的轮作类型有哪些？

玉米、大豆是最理想的合作伙伴，禾谷类作物对氮和硅的吸收量较多，而对钙的吸收量较少；豆科作物吸收大量的钙，而吸收硅的数量极少。玉米、大豆轮作可保证土壤养分的均衡利用，避免其片面消耗；而且种植玉米和种植大豆的效益相当，玉米价格下滑，可以用大豆来弥补损失。

玉米轮作类型包括"一主四辅"种植模式。"一主"：实行玉米与大豆轮作，发挥大豆根瘤固氮养地作用，提高土壤肥力，增加优质食用大豆供给。"四辅"：实行玉米与马铃薯等薯类轮作，改变重迎茬，减轻土传病虫害，改善土壤物理和养分结构；实行籽粒玉米与青贮玉米、苜蓿、草木樨、黑麦草、饲用油菜等饲草作物轮作，以养带种、以种促养，满足草食畜牧业发展需要；实行玉米与谷子、高粱、燕麦、红小豆等耐旱、耐瘠薄的杂粮杂豆轮作，减少灌溉用水，满足多元化消费需求；实行玉米与花生、向日葵、油用牡丹等油料作物轮作，增加食用植物油供给。

121. 我国实施轮作休耕制度的具体做法有哪些？

农业农村部等十部委联合出台了《探索实行耕地轮作休耕制度试点方案》。方案中提出，在东北冷凉区、北方农牧交错区等地推广轮作 500 万亩（其中，内蒙古自治区 100 万亩、辽宁省 50 万亩、吉林省 100 万亩、黑龙江省 250 万亩）。

尽管我国粮食产量连年增长，但不可否认，我国农业发展方式较为粗放，农业资源过度开发、农业投入品过量使用、地下水超采以及农业内外源污染相互叠加等带来的一系列问题日益凸显。基于此，农业可持续发展面临重大挑战，加快转变农业发展方式，推进生态修复治理，促进农业可持续发展成为必然选择。

耕地的轮作休耕作为我国耕地保护众多手段中的重要组成部分，当前乃至将来或将发挥重要且积极的作用。至少，从制度本身而言，轮作与休耕是利用种植物本身特点对耕地土壤形成修复的同时，兼顾了必要的农业生产需求，相较于土地撂荒乃至采取纯粹的土壤治理而言更具可操作性。

此外，通过轮作与休耕规模的不断扩大，我国提升土壤污染防治能力也将有所增加，可以说，耕地保护与自然资源环境的整体好转关系密切。随着一系列措施的推进落实，我国耕地也有望从数量、质量和生态三方面共同向好，继而实现耕地之于粮食生产的关键意义。

122. 什么是合理密植？合理密植的原则有哪些？

玉米产量由每亩穗数、每穗粒数和粒重所组成。合理密植就是为了充分有效地利用光、水、气、热和养分，协调群体与个体间的矛盾，在群体最大发展的前提下，保证个体的健壮生长和发育，以达到穗多、穗大、粒多、粒重，提高产量。

合理密植的原则：①根据品种定密度。在同一地区、同样条件下，各品种株型、株高、叶数和叶向有很大差异，所以同一地区的适宜密度又因品种而异。②根据肥水条件定密度。一般地力较差、施肥水平较低、又无灌溉条件的，种植密度应低一些；反之，土壤肥力高、施肥较多、灌溉条件好的，密度可以增大。因为肥水充足时，较小的营养面积，即可满足个体需要。③根据日照、温度等生态条件定密度。短日照、气温高，可促进发育，从出苗到抽穗所需日数就会缩短；反之，生育期就延长。因此，同一类型品种，南方的适宜密度高于北方，夏播可密些，春播可稀些。根据现有品种类型和栽培条件，各类春玉米适宜密植为，平展型中晚熟杂交种，45 000～52 500 株/公顷；紧凑型中晚熟和平展型中早熟杂交种，60 000～67 500 株/公顷；紧凑型中早熟杂交种，67 500～75 000 株/公顷。④种植方式。研究表明，从种植密度和种植方式对产量作用来看，密度起主导作用。在密度增大时，配合适当的种植方式，更能发挥密植的增产效果。所以，在确定合理密植的同时，应考虑采取适宜的种植方式。种植方式各地仍以等行距和宽窄行方式为主。

123. 玉米等行距种植和宽窄行种植的区别有哪些？

播种时行株距如何安排，也是生产上经常遇到的问题。在玉米行距安排上，不能笼统地讲宽窄行好，还是等行距好，因为宽窄行种植和等行距种植各有优缺点。宽窄行种植，由于两窄行距离较近，前期根系发育相互交错，都吸收附近土壤中的养分，产生争肥现象，而对宽行中的肥料吸收较少；但在封垄以后，宽行中通风透光条件好，有利于光合作用，改善了通风透光条件，发挥边行优势，可以适当增加密度，易于在宽行中间套种矮秆作物，提高经济效益。等行距种植，前期根系能够均匀地吸收养分，但封垄以后，通风透光条件较差，对光合作用有影响。哪种方式好，应根据具体条件而定。通常中下等水平、密度较小的地块，以等行种植较好。因为土壤肥力较差，等行种植可以把养分充分利用起来，而到后期因群体较小，一般不会发生严重的田间荫蔽现象，通风透光问题不大，没必要再采用宽窄行种植。宽窄行种植时，注意不要把大行距放得太宽、小行距放得过窄。试验证明，如果大行距在 1 米以上，而小行距过小时，一般都明显地减产，行距越宽，减产越严重。宽窄行距一般以宽行 0.7～0.8 米、窄行 0.4 米左右为宜。

124．什么是三比空密疏密种植?

玉米三比空密疏密交错种植方法，是一种在玉米生长过程中、创造边行效应和增产效应的种植技术，即在不改变目前生产上常规的垄作栽培形式的基础上，将植株进行科学的田间排布，以 4 垄作为一个循环，种植 3 垄、空 1 垄，种植的 3 垄玉米的株距靠空垄的两个边垄株距为中间垄的 1/2。以增加田间每个单株的边行空间，使每个单体植株的通风透光条件大大改善。在生产成本不增加、操作简单的情况下，该项技术比现有的常规种植方式增产 10% 以上，比现有的其他种植方式增产 5% 以上。

125．什么是大垄双行种植?

就是将过去的两垄（垄距 60～65 厘米）合成一大垄，在垄上种两行玉米，小行间距 40 厘米，大行间距 80 厘米或 90 厘米。其优势是通风透光，形成垄垄是边行、棵棵是地头的格局，有利于光合作用，有利于田间作业。

126．什么是偏垄宽窄行种植?

玉米偏垄宽窄行栽培技术指，在原有垄作条件下，不在垄上中央而是偏向一侧开沟下种；每两垄为一对，每垄在相邻的内侧垄上开偏沟，偏离垄上中心的距离各为 5 厘米，即相邻两垄的播种沟相互靠近（或拉开）共 10 厘米；正常的机械播种，等株距。以 60 厘米的垄距为例，出苗后形成 70 厘米宽行距和 50 厘米窄行距交替的田间布局。偏垄宽窄行种植方式的核心是，在原来等行距垄上偏开沟播种，出苗后形成宽窄行。

127．什么是一穴多株种植?

一穴多株玉米高产栽培技术指，在一穴里种植 2 株以上玉米。该技术采用专用的播种机、良种、肥料和调节剂，以及科学合理的行距和穴距，把玉米地通风透光调整到最佳状态；在株数增加的同时，提高抗倒伏能力，不但超高产而且稳定，产量增幅在 20% 以上。一穴多株种植技术创高产的理论基础共有 4 点。①改善玉米产量结构。通过增加亩穗数实现玉米创高产。一穴多株种植技术充分利用了玉米的群体优势,改传统的单株成行为多株成行,发挥了密植增产的作用,挖掘了现有玉米品种的增产潜力。②改善田间小气候。宽行密植,解决了玉米在高密度条件下的通风透光矛盾,有利于光合作用和干物质的积累,提高光热资源利用率,减轻病虫害发生和危害。③提高玉米抗倒伏能力。利用一穴多株种植技术种植玉米,根系盘根错节,茎秆柔韧性增强,抗根倒、茎倒能力明显提高。④促进机械化推广。玉米行距加宽,便于机械化操作,可以减轻农民的劳动强度,提高了工作效率。

128. 为什么玉米良种良法配套才能高产高效?

所谓玉米良种良法配套指,根据品种的生长发育特性,采取相应的种植方法,以发挥品种长处、克服不足,充分发挥出增产潜力,达到高产、稳产、高效的目的。品种不同,生长发育特性不同,要求栽培方法也不完全相同。丰产潜力大、增产潜力高的玉米品种,一般对于肥水条件和管理措施的要求也比较高。在生产实践中,这就要求根据每一个品种的具体特点来采取相应的栽培技术措施和管理方法,只有这样才能够尽可能发挥每一个品种的增产潜力。也就是说,良种良法配套才能实现高产、高效。

129. 玉米膜下滴灌可节水增产的主要因素有哪些?

膜下滴灌指将滴灌带铺设在膜下,滴灌带上设有滴头,利用地面给水管道(主管、副管)将灌溉水源送入滴管带,使水不断地滴入土壤中,直至渗入作物根部,以减少土壤的田间蒸发,提高了水的利用率。该技术适用于干旱地区大力推广和发展。膜下滴灌是现代节水灌溉中一次新的突破,结合了不同形式的节水灌溉方法的优点,建立了单独的灌溉系统,利用少量的水使大面积的耕地得到有效灌溉,达到灌溉节水、保水、保温、改善土壤性状、光照条件、加速作物生长发育进程、提高粮食产量的目的。玉米膜下滴灌可节水增产的主要因素:①保水作用。通过膜下滴灌灌水适度后,土壤中的水可源源不断上升到地表,保持了土壤毛细管的上下通畅;覆膜后,土壤与大气隔开,土壤水分不能蒸发散失到空气中,而膜内以液-气-液的方式循环往复,使土壤表层保持湿润。对自然降水,少量以苗孔渗入土壤,大量水分流入垄沟,以横向形式渗入覆膜区,由地膜保护起来,被作物有效利用。②增温作用。地膜阻隔土壤热能与大气交换,土壤耕作层的热量来源主要是太阳辐射。阳光中的辐射透过地膜,地温升高。土壤自身的传导作用,使深层的温度逐渐升高保存在土壤中。灌溉水通过管道及毛管滴头系统缓慢滴入膜下土壤中,水流增温,汽化热损失极少,温度下降缓慢。据农业部门测算,全生育期可提高积温 $150 \sim 200 ℃$。③改善土壤的物理性状。衡量土壤耕性和生产能力的主要因素包括土壤的容重、孔隙度和土壤的固液气三相比。地膜覆盖后，地表不会受到降雨冲刷和渗水的压力，滴灌的渗水压力极小，保证了土壤的疏松状态，透气性良好，孔隙度增加，容重降低，有利于作物根系的生长发育。同时，地膜覆盖使土壤的含盐量降低，偏盐碱地种植覆膜玉米，可提早 15 天成熟，而且比露地玉米增产。④对土壤养分的影响。覆盖地膜后增温保墒，有利于土壤微生物的活动，加快有机物和速效养分的分解，增加土壤养分的含量；盖膜后阻止雨水对土壤的冲刷和浸润，保护养分不受损失。但由于植株生长旺盛，根系发达，吸收量强，消耗养分增大，土壤养分减少，容易形成早衰和倒伏，影响产量，故一定要施足基肥，并分次追肥。滴灌系统配有施肥罐，随时可利用系统进行追肥，满足作物生长需要。⑤改善光照条件。通常由于植株叶片互相遮阳，下部叶片比上部叶片光照条件差。覆膜后，由于地膜和膜下的水珠反射作用，使漏射的阳光反射到近地的空间，增加基部叶片的光合作用，提高光合强度和光能利用率。有关部门在玉米播种 60 天后测定，覆膜后，据地面 50 厘米处光照强度占 25％以上，非盖地膜玉米只有 10％左右，说明基部叶片光照强度优于露地玉米。膜下灌溉使玉米的各种生育条件优越，促进早出苗、早吐丝、早成熟，根系亦发达。据试验资料和实际种植表明，膜下滴灌应用增产效果显著。

130. 育苗移栽应注意的问题有哪些？

① 确定播期。育苗播种的时间，要与大田移栽的时间紧密衔接。育苗过早，苗龄大，移栽后生长不好，影响产量；育苗过迟，又达不到提早节令的目的。因此，适期播种，应根据移栽时间确定育苗播种的时间，一般比直播栽培的玉米提前 15～25 天。②增大苗量。为了匀苗、壮苗、不栽瘦弱苗，并确保移栽后苗棵均匀一致，育苗时要适当增大育苗数量，一般比实际需苗量增大 10％左右。③起苗分级。在移栽前一天下午，要浇透苗床水。起苗时，按苗大小强弱分级、分地块或分片移栽，以利管理。撒播育苗的，起苗时要尽量多带土，少伤根。特别要注意，不要抖落根部残籽，否则会降低幼苗的成活率。运苗时，幼苗摆放不宜过挤，尽量减小振动，防止散土落籽伤根。④抢时移栽。抢阴天或雨天移栽最好。晴天移栽，最好在傍晚进行，有利成活。移栽时，要取深沟（塘）浅栽，有利成活和浇水追肥。浇活棵水后要用细干土覆盖，防止水分蒸发，有利成活。一般育苗 25～30 天移栽，移栽过早，增产潜力小；移栽过晚，形成小老苗，造成空秆，产量锐减。控制好移栽苗龄，是玉米育苗移栽成败的关键。如果育苗移栽的面积大，可采用生育期不同的品种，或分期育苗的方法，错开移栽时间，避免造成小老苗。最佳移栽苗龄为 2 叶 1 心，温室育苗一般为 7～10 天。早熟品种的苗龄要短一些，苗龄过大，移栽后容易形成早花"小老苗"，降低产量；中、晚

熟品种的苗龄可稍长一些。⑤移栽技术。移栽分为定向和不定向条栽。定向移栽，采用南北开沟，东西定向；单苗营养袋，移栽时将叶片摆放成与行向垂直方向，施好基肥后移栽；株距 18 厘米左右，每亩 5 000～5 300 株；移栽深度，以平齐营养钵高度或不露白茎为宜。移栽时，必须浇透定根水；移栽后，要注意浇水保苗，确保成活。⑥栽后管理。天旱时，要注意及时浇水，可在水里加少许充分腐熟的人畜粪尿，促进早生快发。移苗后的缓苗期 6～7 天。成活后要及时追肥，可用稀薄腐熟的人畜粪尿，或氮素化肥。

第七章　玉米肥水管理

131. 玉米生长对肥料的需求如何？

玉米从播种到收获分为不同的生育时期，苗期需肥较少，约占总需肥量的10％；拔节孕穗期需肥量最多，占总需肥量的50％左右；成熟期需肥量占总需肥量的40％左右。这一规律反映玉米生长的中后期要有充足的肥料供应。产量对肥料的需求：每生产50千克籽粒，需吸收纯氮1.72千克、磷0.62千克、钾1.63千克。假如公顷产量目标为10 000千克，那么需要吸收纯氮344千克、纯磷134千克、纯钾326千克。这一规律为科学确定施肥总量提供了重要的参考，是选购化肥的重要依据。

132. 肥料的种类有哪些？

现在市场上的肥料多种多样，按照有效成分及用途，大致可分为3种：①有机肥（如生物菌肥）。有效成分有氮、磷、钾、微量元素和固氮菌等。有机肥的优点是养地，久用能改良土壤；肥效长，在玉米的整个生育期都会发挥作用，提高其他肥料的利用率；还具有一定的促早熟的功能。②化肥。化肥分单质化肥和复混肥。单质化肥，如尿素、硝酸铵、碳酸氢铵、硫酸铵、钾肥等。复混肥，有氮磷复合肥（如磷酸二铵等）、氮磷钾复合肥，还有含微肥的氮磷钾复合肥。化肥的特点是大多数都属速效肥，持效时间短。在购买和使用复混肥时，一定要弄清有效成分含量和持效时间长短。③微肥。含有微量元素的肥，如稀土微肥、锌肥、硼肥等，用量少但作用大，能防止玉米的缺素症。

133. 肥料的使用方法有哪些？

传统的施肥方法有基肥、口肥、追肥、叶面肥。在现在的玉米生产实践中，有一部分农民朋友为降低生产成本，减小劳动强度和劳动量，采用一次性施肥法。经过多年实践观察，一次性施肥法有很多缺点：一是一次施肥深度容易被忽视造成基肥、口肥不分；二是容易"烧种""烧苗"；三是肥效发挥不正常，易流失；四是易造成后期"脱肥"。还有一部分农民只施口肥和追肥，造成肥料不足，影响产量。单纯从丰产的角度考虑还是传统的施肥方法有利增产。

134．采用一次性施肥必须注意的问题有哪些?

① 施肥深度要够。90％的肥量要施到耕层 15 厘米以下。深度不够既容易"烧种""烧苗"，又容易流失。②施肥量要足。一次性施肥要比传统的施肥方法多用至少 10％的肥量，避免由于肥量的流失造成总供肥量的不足和后期脱肥。③肥料的成分要全。因为是一次性施肥，所施肥料的品种、成分必须全面，有机质、氮、磷、钾和微量元素需做到应有尽有。④肥料的持效期要长。一次性施料最好有农家或有机肥做基础，辅之以化肥，才能起到好的作用，持效时间长，避免成熟期"脱肥"。⑤一定要注意施用口肥。虽说施用的是一次性肥，但也要有口肥随种下地，这样能保证苗期所需的肥量。需注意口肥应采用速效性肥料。

135．肥料的用量如何确定?

肥量的确定由土质和产量目标决定。如果能做到测土配方施肥，是最科学的；如果做不到测土配方施肥，那就只能凭经验。一般连续多年使用农家肥、地力好的地块，每公顷施用 75～150 千克磷酸二铵加 225～300 千克尿素、75 千克钾肥和适量中微肥，或者每公顷用有效成分含量 45％的氮磷钾复混肥（N－P_2O_5－K_2O 为 15－15－15）400～450 千克加尿素 120～150 千克。总之，在玉米生产中，肥料品种的选择和施肥方法十分重要，只有做到肥料营养成分均衡、使用方法得当，才能达到丰产丰收的目的。

136．玉米长效肥一次性深施的优缺点有哪些?

一次性深施方法指，在秋季或播种前整地的时候，将玉米全生育期计划施用的所有肥料做底肥，一次性施入；播种时，不再施底肥，整个生育期也不再施肥。

玉米一次施肥的好处：一是干旱地区，可以避免因干旱而追不上肥；雨水较多地区，可避免因连续降雨而追不上肥的危险。二是节约化肥，减少投入。生产实践证明，当化肥被水解时，能够被土壤胶体吸附，增加肥效。三是节省人工，便于管理。一次性施肥免除了繁重的人工追肥，同时，避免看天等雨现象。四是提高产量，增加收入。一次性施肥技术有明显的增产增收效果，而且具有籽粒饱满、抗倒伏和避免中期脱肥等优点。

玉米一次性施肥的缺点：一是肥料撒播不均匀容易产生烧种现象，影响保全苗。二是如果使用速效肥料，由于长时间的渗漏淋溶和挥发损失，降低氮肥的利用率，保肥性差的地块容易产生氮素供应不足而脱肥。三是缓释效果不良，导致后期脱肥严重，影响产量。

137. 如何提高肥料利用率?

① 有机肥与无机肥相结合。农家肥为有机肥，养分齐全、肥效持久；化学肥料为无机肥，养分单一、含量较高、见效快。把有机肥与无机肥配合施用，取长补短，肥效可以大大提高。如将人畜粪与氯化铵、过磷酸钙、氯化钾配合施用，可比单施等量肥料增产 10%～15%。②测土配方施肥。首先，测出土壤里主要元素的含量；然后，根据农作物所需养分，进行科学合理的施肥，需多少施多少，避免浪费。将氮、磷、钾与微量元素配合施用，叫配方施肥。据试验，单施尿素，氮的利用率为 30%～38%，而配方施用，氮的利用率可提高至 58%～60%；单施磷肥、五氧化二磷的利用率为 12%～14%，实行配方施用，利用率提高至 35%～38%；单施氯化钾利用率只有 31%～35%，配方施用，利用率可提高至 57%～61%。③氮肥深施。氮素化肥进行深施能有效地防止养分流失，提高氮素利用率。据试验，碳酸氢铵撒施，氮的利用率为 28.6%，进行深施，氮的利用率可提高到 58.6%；尿素撒施，氮的利用率为 42%，进行深施，氮的利用率可提高到 80%以上。④推广缓控释肥。缓控释肥是指肥料养分释放速率缓慢、释放期较长、在作物的整个生长期都可以满足作物生长需要的一种新型肥料。经过多年示范推广，缓控释肥在节肥、增产、增效等方面效果十分显著。⑤增加水溶肥施用。水溶肥是一种可以完全溶于水的多元素复合肥料。与传统的过磷酸钙、磷酸二铵、造粒复合肥等品种相比，水溶肥更容易被作物吸收，实现了水肥同施，以水带肥，水肥一体化，达到省水省肥省工的效果。

138. 如何实现减肥不减产?

现在农业都在转型，转型里面非常重要的行动就是化肥减施。没有化肥是绝对不行的，千万不要宣扬说要消灭化肥，如果没有化肥我们将有一半人是要挨饿的，这是无须讨论的问题。减肥是一个很宏观的概念，不是每块地、每个农户、每种作物都要减肥，而是总量要减，要根据作物、土壤的具体情况来确定如何减。现在，农田氮肥投入量大概是作物吸收量的 2 倍多，总量确实是超的，但是不同区域之间的差异非常大，可能这个地方用肥是过量的，其他地区则不见得够。过量施氮肥可以造成作物倒伏、病虫害增多、农产品品质下降等，所以不减肥肯定是不行的。怎样才能做到减肥不减产呢？这就需要用好各种来源的养分资源，控制总量，节约化肥；分期施肥，把有限的化肥用在作物最需要的时候。20

世纪80年代，每亩地施10千克氮肥，加上土壤里面残留氮2千克、环境来源氮（大气＋水体）1千克，总计是13千克；当前，每亩施氮肥30千克，再加上土壤里面残留13千克、大气、水体里面还带了6千克，加起来就49千克；而作物最多需20～30千克，49千克不就多了吗？所以，把土壤和环境里的19千克养分扣除后，施肥减少20％都不会有影响。过去20多年大量施肥，土壤中残留了很多，同时，地表水里面有养分，天上下的雨也有养分。大量研究表明，把肥料减下来20％，不但不减产，反而会增产7％～8％。

139．喷施叶面肥的好处有哪些?

叶面肥在玉米上利用，有3方面的好处：①调控生长。玉米作为茎秆作物，在生长周期内，很容易因施肥不当等造成植株疯长，从而吸收了土壤中大量的养分致使玉米穗缺营养而出现各种病症。在茎秆生长期喷施叶面肥，可有效起到控旺生长的效果。叶面肥不仅有合理肥料配方比例同时还有植物生长调节剂成分，当然这只针对调节型叶面肥来讲。②增产。玉米追肥最大的目的是达到增产增收的效果，减少玉米穗空壳等现象；而玉米在生长后期对养分的需求也会呈直线上升，此时土壤根系吸收养分能力减弱，自然需要叶面追肥来快速补充养分。从抽丝后开始间隔10～15天喷施1次，加快玉米棒尖籽粒饱满，可有效增加玉米产量30％以上。③抗病性。很多人很疑惑为什么叶面肥作为一种营养成分却能起到抗病的效果，其实，如果给玉米生长提供良好的环境、全面的养分，玉米自然进入正常生长状态，也不会因长势不良出现各种病症。

140．玉米叶面肥喷施最佳时间有哪些?

如果土壤养分不足，玉米在苗期可适量喷施肥来补充营养。以氮肥为主，常见施肥为根施尿素，不过为提高吸收可进行叶面喷施。在抽雄前3～5天喷施，可减少玉米在后期籽粒成熟过程中出现空壳现象。在追肥上，喷施叶面肥是最快捷且效率高的方式，不过也应严格控制用量用法，不可随意增加浓度或者喷施次数，以防养分过剩。

141．玉米叶面肥有哪些?

玉米叶面喷施肥料品种可选用尿素、磷酸二氢钾、过磷酸钙、硫酸钾、草木灰浸出液及一些微肥等；而含氯离子、易挥发及难溶性肥料，如碳酸氢铵、氯化铵，钙、镁、磷等，不宜作叶面施肥使用。玉米叶面肥喷洒浓度应适宜，尿素0.5％～2％、磷酸二氢钾0.3％～0.5％、硫酸铵0.2％～9.3％、钼酸铵0.01％、硼砂0.1％～0.2％、硫酸锌0.1％～0.4％。同时，作根外喷肥时也可加入 10%的草木灰水、10%的鸡粪液、10%～20%的兔粪液或腐熟人尿液等，也有较明显的增产效果。玉米叶面肥喷洒液量要充分，次数不可过少，以肥液将要从叶面上流下但又未流下时最好。一般每亩用肥液 45 千克。即使喷洒 1%的尿素液，其亩用量不过 2 千克尿素，连续喷 2～3 次，间隔期 7～10 天。

142. 什么时候打叶面肥合适?

玉米喷施叶面肥要选好喷肥时间，在比较潮湿的天气里进行为宜，保证叶片湿润 30～60 分钟；要在 10:00 前及 17:00 后喷洒，无风的阴天可以全天喷施；另外，应选择关键期，当出现某种脱肥病状时就要及时喷施。叶面肥应重点喷布于玉米茎叶上，要两面都喷，以正面为主；喷洒力求细致均匀，不漏喷、重喷。玉米喷施叶面肥注意合理混用，通过添加活性剂将两种或两种以上肥料混合后喷施，能提高肥效，肥料和农药混用也可提高工效；但注意不能将碱性和酸性以及会发生反应的肥料农药混用。可在肥料中加入少量活性剂（可加入少量的洗衣粉），以降低肥液的表面张力。

143. 如何做到测土配方施肥?

测土配方施肥就是国际上通称的平衡施肥，这项技术是联合国在全世界推行的先进农业技术。概括来说，一是测土，取土样测定土壤养分含量；二是配方，经过对土壤的养分诊断，按照庄稼需要的营养"开出药方、按方配药"；三是合理施肥，就是在农业科技人员指导下科学施用配方肥。

144. 为什么要实施测土配方施肥?

这就要从农作物、土壤、肥料三者关系谈起。农作物生长的根基在土壤，植物养分 60%～70%是从土壤中吸收的。土壤养分种类很多，主要分三类：第一类是土壤里相对含量较少、农作物吸收利用较多的氮、磷、钾，称为大量元素；第二类在土壤含量相对较多，但农作物需要却较少，像硅、硫、铁、钙、镁等，称为中量元素；第三类在土壤里含量很少、农作物需要的也很少，主要是铜、硼、锰、锌、钼等，称为微量元素。土壤中包含的这些营养元素，都是农作物生长发育所必需的。当土壤营养供应不足时，就要靠施肥来补充，以达到供肥和农作物需肥的平衡。

145. 测土配方施肥的内容有哪些?

测土是在对土壤做出诊断、分析作物需肥规律、掌握土壤供肥和肥料释放相关条件变化特点的基础上，确定施用肥料的种类，配比肥用量，按方配肥。从广义上讲，应当包括农肥和化肥配合施用。在这里可以打个比喻，将补充土壤养分、施用农肥比为"食补"，将施用化肥比为"药补"。人们常说"食补好于药补"，因为农家肥中含有大量的有机质，可以增加土壤团粒结构，改善土壤水、肥、气热状况，不仅能补充土壤中含量不足的氮、磷、钾三大元素，又可以补充各种中、微量元素。实践证明，农家肥和化肥配合施用，可以提高化肥利用率5%～10%。

146. 增施有机肥的好处有哪些?

① 改善土壤，培肥地力。土壤中有机质含量高低是衡量土壤肥力的重要标志，施用有机肥能够增加土壤有机质含量，促进土壤中团粒结构的形成，改善土壤物理化学性状，培肥地力，实现用地与养地相结合。②提高产量，改善品质。有机肥含有玉米生长发育的各种营养成分，肥效持续而且长久；所以，增施有机肥可以提高玉米产量，改善玉米品质。③提高玉米抗逆性。有机肥能够增加土壤的保水保肥能力，使植株生长健壮，提高玉米抗旱能力和抗病虫害能力。④提高化肥利用率。有机肥和化肥配合施用，化肥中的氮素能够被有机肥吸附保存，减少流失。有机肥中的有机酸促进土壤中磷肥的溶解，提高化肥利用率。⑤节本增效，促进玉米优质、高产、高效。增施有机肥的地块每公顷化肥用量可以减少200～300千克，减少成本，增加收入。

147. 玉米各生育期需肥特点有哪些?

玉米各生育时期需肥规律是：①3叶期至拔节期：随着幼苗的生长发育，玉米对养分的消耗量也不断增加，虽然这个时段对养分的需求量还较少，但是获得高产的基础，只有满足此期的养分需求，才能获得优质的壮苗。②拔节期至抽穗期：此期间是玉米果穗形成的重要时期，也是养分需求量最高的时段。这一时段吸收的氮占整个生育期的 $1/3$、磷占 $1/2$、钾占 $2/3$。此时段内，如果营养供应充足，可使玉米植株高大、茎秆粗壮、穗大粒多。③抽穗至开花期：此期植株的生长基本停止，此期氮的消耗量占整个生育期的 $1/6$、磷占 $1/6$、钾占 $1/3$。④灌浆至成熟期：灌浆开始后，玉米的需肥量又迅速增加，以形成籽粒中的蛋白质、淀粉和脂肪，一直到成熟为止。这一时期吸收的氮占整个生育期的约 $1/2$、磷占 $1/3$。

每个生长时期玉米需要养分比例不同。有研究指出，玉米从出苗到拔节，吸收氮 2.5%、有效磷 1.12%、有效钾 3%；从拔节到开花，吸收氮素 51.15%、有效磷 63.81%、有效钾 97%；从开花到成熟，吸收氮 46.35%、有效磷 35.07%、有效钾 0%。

玉米营养临界期：玉米磷素营养临界期在3叶期，一般是种子营养转向土壤营养时期；玉米氮素临界期则比磷稍后，通常在营养生长转向生殖生长的时期。临界期对养分需求并不大，但养分要全面，比例要适宜。这个时期营养元素过多、过少或者不平衡，对玉米生长发育都将产生明显不良影响，而且以后无论怎样补充缺乏的营养元素都无济于事。

　　玉米营养最大效率期在大喇叭口期，是玉米养分吸收最快最大的时期。这期间，玉米需要养分的绝对数量和相对数量都最大，吸收速度也最快，肥料的作用最大；此时肥料施用量适宜，玉米增产效果最明显。玉米在整个生育期内需要从土壤中吸收多种矿质营养元素，其中以氮素最多，钾次之，磷居第三位。一般每生产100千克籽粒需从土壤中吸收纯氮2.5千克、五氧化二磷1.2千克、氧化钾2.0千克。氮、磷、钾比例为：1∶0.48∶0.8。肥料施用量＝（计划产量对某要素需要量－土壤对某要素的供给量）/〔肥料中某要素含量（％）×肥料当季利用率（％）〕。肥料的利用率变化很大，据试验，一般有机农家肥当季利用率为30％左右，氮素化肥当季利用率为40％～50％（常以40％计算），磷、钾化肥为30％～40％（常以30％计算）。

148．玉米缺少营养元素后的症状有哪些？

　　玉米吸收氮素的规律是苗期少、拔节到灌浆后期多，尤其拔节至抽雄期最多，所以强调拔节至抽雄期追肥。缺氮会使玉米植株生长瘦弱、叶色黄绿，下部叶片从叶尖开始变黄，沿中脉伸展扩大，最后整叶变黄干枯。如果缺磷，玉米幼苗根系发育不良，植株生长缓慢，叶色紫红，雌穗受精不良，籽粒发育不好，成熟期推迟。钾素是玉米生育所需的重要元素，可以促进碳水化合物的合成和运转，提高抗倒伏能力，使雌穗发育良好。如果缺钾，玉米苗生长缓慢，叶片发黄，籽粒秕瘦，茎秆细弱，容易倒伏。

149．玉米缺少微量元素后的症状有哪些？如何补救？

　　玉米缺锰的症状：玉米的幼叶变黄，叶片出现与叶脉平行的黄色的条纹，而玉米的叶脉一直保持着绿色，黄色的条纹逐渐扩大，最终形成杂色斑点，叶片没有硬度、柔软下垂。玉米缺锰的补救方法：可以叶面喷施0.05％～0.1％的硫酸锰溶液，5～7天喷施1次，连喷2次，每亩喷肥液50千克左右。

　　玉米缺硼的症状：玉米幼叶薄弱、不展开，出现白色组织；叶片容易枯死，老叶叶脉间有白色条纹；植株生长瘦矮。玉米缺硼的补救方法：叶面喷施硼肥溶液2～3次，间隔10天左右喷1次。

　　玉米缺锌的症状：植株发育缓慢，节间变短。幼苗期和生长前期缺锌，新叶的下半部呈现淡黄色乃至白色；生长中后期缺锌，雌穗抽丝期和抽雄期延迟，果穗缺籽秃顶。玉米缺锌的补救方法：叶面喷施 0.1%～0.2%的硫酸锌溶液 2～3 次，7～10 天喷 1 次。

150. 玉米正确的施肥方法有哪些？

合理施肥主要根据玉米需肥规律、土壤肥力、肥料类型，以及施肥时的自然条件和栽培措施，确定适宜的施肥量、养分配比、施肥时期和施肥方法，以求最大限度地提高肥料利用率。一般情况下，应是施足基肥，适施种肥，早施攻秆肥，重施攻穗肥，补施攻粒肥。

基肥可培肥地力，改良土壤结构，在玉米的整个生育期间源源不断地供给养分，以保证玉米的正常生长发育。基肥应以有机肥为主，化学肥料为辅。春玉米及播前能够进行耕作的夏、秋玉米等都应当尽量施用基肥。基肥一般每亩可施用土杂肥和厩肥 1 500～3 000 千克。基肥的施用方法应根据基肥的数量、种类和播种期的不同而灵活掌握。如果数量不多，应先起畦，然后在畦中间开沟条施；基肥数量较大时，可在耕地前将肥料均匀撒在地面上，结合耕地翻入土内。钾肥、磷肥和锌肥等化肥最好与有机肥混合施用。

种肥应当以速效氮、磷、钾肥和优质腐熟的人粪尿、家畜类、禽粪为主，但施用量不宜太多，一般每亩可施用硫酸铵、硝酸铵或氯化铵等 5～7.5 千克；尿素中的缩二脲容易烧伤种子，不宜作种肥。用氯化钾作种肥，每亩用量最多不超过 7.5 千克；氮、磷、钾复合肥或磷酸二铵作种肥最好，每亩可用 10～15 千克。施用种肥可开沟或打穴撒施，并与土搅拌一下再播种，要做到种、肥隔离，避免烧坏种子。尤其是氯化钾做种肥时更要注意。

追肥应以氮素为主，于苗期、穗期或花粒期进行。在拔节期追施攻秆肥，大喇叭口期追施攻穗肥，抽雄开花期酌情补施粒肥。3 次追肥各占总追肥量的 30%～35%、50%、15%～20%。种肥和攻秆肥主要是促进根、茎、叶的生长和雄穗、雌穗的分化，有保穗、增花、增粒的重要作用；攻穗肥主要是促进雌穗分化和生长，有提高光合作用，延长叶片功能期和增花、增粒及提高粒重的重要作用；粒肥有防止植株早衰、延长叶片功能期、提高光合作用和提高粒重的重要作用。不管什么时期追肥，都禁止表面撒施，要开沟或打穴深施，施后最好浇水。

叶面喷肥操作比较简便，营养元素运转快，起效快，是根外追肥的一种补充，对玉米缺素症的防治有良好的效果。叶面肥的种类主要有微量元素叶面肥、稀土微肥、有机化合物叶面肥及部分生物调控剂等。一般结合打药等措施一起使用。

151. 如何判断磷酸二铵化肥有效成分含量的高低？

磷酸二铵化肥的有效成分主要就是氮和磷，精确的含量只有到相关部门去检测，不过一般大厂家的磷酸二铵化肥质量是没有问题的。简单的识别方法：真的磷酸二铵化肥很硬，不易被碾碎，有些假的磷酸二铵化肥容易被碾碎；真的磷酸二铵化肥因含氮（氨）加热后冒泡，并有氨味溢出，灼烧后只留下痕迹较少的渣子，而有些假磷酸二铵烧后渣滓较多；真的磷酸二铵油亮而不渍手，有些假磷酸二铵渍手；真磷酸二铵因含磷量高而易被"点燃"，假的磷酸二铵不易被"点燃"；真磷酸二铵溶解摇匀后，静置状态下可长时间保持悬浊液状态，而有些假磷酸二铵溶解摇匀后，静置状态下很快出现分离、沉淀且液色透明；真磷酸二铵的水溶性磷达90%以上，溶解度高，只有少许沉淀，而不合格的磷酸二铵水溶性磷含量低，溶解度也低，沉淀也相对较多。

152. 分层施肥的好处有哪些？

分层施肥就是把肥料分别施到不同深度的土层中，通常是将基肥的大部分施到较深的土层，将少量肥料施到较浅土层，有时再结合施种肥，使不同浓度的土层中都有养分供给作物吸收利用，适合作物不同生长期根系对养分的吸收利用。这种施肥方法对一些在土壤中移动性小的肥料等效果更大，如磷肥、钾肥。

153. 玉米追肥误区有哪些？如何合理追肥？

①追肥过晚。农民习惯于抽雄前后追肥，殊不知此时已错过最佳时期。②一炮轰式追肥。播种时把全部肥料当种肥一次施入，或者浇蒙头水时把肥料全部撒入。③望天追肥。不顾玉米生长的特点，等下雨后再追肥。存在以上3种情况，玉米都很难高产。要想玉米获得高产，首先，应了解玉米的需肥规律，玉米苗期是需磷、钾肥的关键期，抽雄前的大喇叭口期是需氮肥的关键期；其次，施肥量的确定应以产定肥，一般亩产700千克的地块需施入尿素35千克、磷酸二铵15千克、硫酸钾20千克，亩产800千克以上的地块，要增施农家肥和硫酸锌、硼砂等微肥；最后，确定施肥时期和方法，苗期应把全部的磷肥、钾肥、20%左右的氮肥和锌肥做基肥（种肥）一次施入。有研究表明，合理施用基肥（种肥）能增产15%左右；大喇叭口期（1～1.5米高）重施氮肥，应施入氮肥总量的60%左右，在抽雄后再施入20%的氮肥最好；在距玉米根10～15厘米处穴施或开沟条施效果最好，不要撒施，遇旱施肥要结合浇水。施好肥后，综合管理也不容忽视，根据田间生长情况，遇旱浇水，病虫害综合防治，适时晚收才能获

得最后高产。

154. 玉米追肥的最佳时期及注意事项有哪些?

在适当的时间对玉米进行施肥管理,能够促使玉米最快、最大效率地吸收营养,有促进玉米生长、提高产量的功效。玉米追肥的最佳时期是大喇叭口期,在这期间玉米需要养分的绝对数量和相对数量都最大,吸收速度也最快,肥料的作用最大,此时肥料施用量适宜,玉米增产效果最明显。

在玉米生育期间施入的肥料称为追肥,主要提供玉米吸肥高峰所需肥料。玉米一生中有 3 个吸肥高峰,即拔节期、大喇叭口期和抽雄吐丝期。玉米进入拔节期以后,营养体生长加快,雄穗分化正在进行,雌穗分化将要开始,对营养物质要求日渐增加,故及时追拔节肥,一般能获得增产效果。如果底肥足,可以适当控制追肥,时间可晚些;在土地瘠薄、基肥量少、植株瘦弱情况下应多施、早施,占追肥量的 20%~30%;在土壤肥力低或底肥、口肥不足时,应在 6 片叶展开时追拔节肥。

追肥应注意:①看土追肥。追肥要由土壤的性质而定。低洼地和碱地,要选用硝酸铵、硫酸铵、过磷酸钙等酸性或生理酸性肥料作追肥;酸性土壤应选用尿素、碳酸氢铵等碱性肥料作追肥,对保水、保肥能力差的沙壤土,应选用不易挥发的硝酸铵或尿素作追肥。沙质土壤,特别是沙石土,不宜一次追肥过多,应分次追肥,以减少渗漏和挥发损失。追肥一定要深追。②看势追肥。因土质、肥料和水利等条件不同,虽然同时播种同一品种,但长势各不相同,有壮苗地块,也有弱苗地块,就是同一地块的玉米长势也有差异。因此,追肥时应有所区别。具体方法是,壮苗地块追施化肥;弱苗地块除追施化肥外,还要追施腐熟的人粪、饼肥;对壮苗地块中的弱苗,应该给吃偏食,多施追肥,使弱苗快速复壮;追肥后要及时中耕。③看肥施肥。目前,玉米追肥都习惯以施氮肥为主。氮肥施入土壤后,很快分解成硝态氮、铵态氮和酰氨态氮,并以游离态存在。如果追肥后覆土过浅,氮素就会到地表层,玉米植株只能吸收 20%左右;如深施 10 厘米左右并及时覆土压严压实,其吸收量则可达到 60%以上。针对氮素肥料的这一特点,应避免浅施、明施或随水施用,防止造成肥料浪费。④看期追肥。苗期,不可追肥过早,便于玉米苗发粗发壮;雌雄穗形成期,追肥不宜过晚,以防止脱肥早衰;后期追肥要适时适量,以防止贪青晚熟。

155. 田间出现肥害(主要是苗期)的症状及补救措施有哪些?

种植玉米过程中,为了让玉米能够吸收到充足的养分,在整个生育期会通过底肥＋追肥＋叶面肥来补充营养,而在施肥过程中,如果使用不规范,会造成肥害的情况。例如，播种时种肥同播，肥料和种子距离太近，或者追肥量过大等，都很容易造成肥害。

肥害的主要症状：一是脱水。一次施用化肥过多，或土壤水分不足，施用后土壤局部养分浓度过高，引起水分自作物细胞向土壤的反渗透，而使植物出现萎蔫，像霜打或开水烫的一样，即脱水。脱水轻者发育迟缓，重者导致死亡。二是烧伤。氨水、碳酸铵等氮素化肥在高温下施用，氨气易大量挥发，作物叶片及幼嫩部位易被灼伤，轻者叶尖、叶缘发黄干枯，重者全株赤红死亡，形似火烧。三是烧根。肥料用量过大或石灰氮直接施用，在土壤转化分解过程中产生一种有毒物质，毒害作物根尖生长点，从而引起作物死亡。过磷酸钙中游离酸超过5%，或尿素中缩二脲含量超过2%，导致作物根系腐烂而死亡。四是烧种。尿素、硝酸铵等含氮量较高的化肥，若用量过大，种子胚芽部位变黑，失去生命活力，即烧种。轻者出苗迟缓，重者缺苗断垄。五是叶肥浓度高。叶肥，如尿素溶液浓度超过2%、稀土亩用量超过40克，作物会发生肥害。

玉米肥害是因施用化肥过量或种类不当所导致的玉米植株生理或形态失常，可抑制种子萌发或导致幼苗死亡、残存苗矮化、幼苗叶色变黄直至枯死。当玉米发生肥害后，根据肥害的严重程度，会造成不同程度的减产，及时做好补救措施，能避免更大程度的危害。一是浇水。如果肥害发生相对比较严重，玉米已出现轻微干枯，有灌溉条件的地块，可通过浇水泡田来进行缓解，如果浇水以后，田间的玉米没有缓解的症状，只能毁种，种植其他适合当地的作物；如果有缓解，可结合下面的措施继续补救。二是喷施叶面肥。针对肥害不是很严重的地块，可以通过喷施叶面肥进行缓解，因为发生肥害的地块，玉米根系生长受影响，从土壤中吸收水分和养分的能力降低，而通过喷施叶面肥，可以通过叶片来吸收水分和养分，以此来缓解肥害，促进玉米的生长。三是平衡施肥。根据田间肥害是哪种元素导致的来决定，如果是氮肥过多导致肥害，可通过适量增施一些磷肥、钾肥进行平衡，同理，如果是磷肥、钾肥过量，可通过适量增施氮肥来进行平衡，另外除了氮、磷、钾肥外，一些其他的中微量肥元素，比如铁、硼、钼、铜、镁等，也要适当增施，以此来减轻肥害。四是缩二脲超标导致的肥害，可拌入硼、钼、镁等微肥及喷施浓度较低的磷酸二氢钾或磷酸铵之类的叶面肥，同时，浇水淋洗也可降低其在土壤中的浓度，从而减轻受害程度。

156. 玉米田发生死苗的原因有哪些？

① 苗枯病。玉米苗枯病是玉米苗期很容易感染的一种病害，首先会导致玉米叶片发黄，随着病害的加重，叶片边缘部位慢慢变焦，心叶开始卷曲，然后大面积出现干枯，最终玉米苗死亡。玉米苗枯病一般是以预防为主，如果玉米田已

经出现了苗枯病，要及时打药防治，可用药剂有三唑酮、多菌灵、恶霉灵等，根据发生的严重程度，间隔10天左右，可再次喷施。②肥害。肥害也会导致玉米出现死苗情况，一般种肥同播时容易发生。近些年来，不少农户开始使用种肥同播，但是在操作过程中，不注重肥料和种子的间距；一般情况下，种子和肥料间隔在8～10厘米为宜，如果间隔过近，甚至挨着的情况下，发生肥害的情况会大增，不仅会影响出苗，而且玉米出苗后，也很容易出现死苗。发生肥害后，针对危害的严重程度，选择不同的措施进行补救，如果危害不是很严重，可通过增施有机肥、中耕、补种等措施来补救；如果危害较大，能毁种的直接毁种，可以种植生育期较短的品种或者当地适合种植的其他作物。③除草剂药害。除草剂药害有3种情况，分别是上茬除草剂药害、封闭除草剂药害及苗后除草剂药害。上茬残留的除草剂药害，引起玉米不能正常生长、叶片干枯，严重的情况下导致死亡，可通过深耕、增施有机肥等措施，在播种前就做好应对措施；如果已发生，根据药害的严重程度，喷施芸薹素、叶面肥等进行缓解；如果特别严重，根系已经大面积死亡的情况下，毁掉后种植其他作物。封闭除草剂药害，也是常见的一种因素。比如，不少农户在使用乙草胺封闭时，怕封闭效果不好，加大药量使用，结果导致出现药害，玉米不出苗，或出苗后，叶片卷曲，严重的出现死苗。在玉米3～5叶期时，是玉米苗后除草剂的适宜时期。近些年来，有些农户怕除草效果不好，开始加大用药量，甚至能达到2～3倍；除此之外，有些农户错误地使用除草剂，都会导致苗后除草剂药害情况出现。针对苗前和苗后除草剂引起的药害，补救方法首先要看药害的严重程度，如果不是很严重、根系正常，通过喷施芸薹素、叶面肥、浇水等措施；如果根系已经死亡，就无法补救了。④天气因素。在夏玉米播种的时候，温度高，再加上有些地区长时间没有有效降雨，导致玉米生长过程中缺少充足的水分，叶片因缺水而干枯，严重的情况下，也会导致死苗。如果短时间内还是无有效降雨的情况下，应及时灌溉浇水，补充水分。⑤其他因素。比如虫害、土壤问题等。

157. 如何实现干旱区一次性播种保全苗？

在玉米生产中，最关键的技术就是一次播种保全苗技术。如何采取有效的技术措施，充分利用有效的水资源，做到一次播种保全苗、齐苗、壮苗，是玉米生产中要解决的主要技术问题之一。玉米抗旱保苗技术包括秋季整地保墒技术，充分利用土壤水的抗旱播种技术和玉米苗带重镇压技术。①整地保墒技术。一种是秋翻地后直接进行耙压作业，达到播种状态。秋翻地一般在10月末基本翻完，应抓紧有利时机进行耕翻、耙压，有冻层时不能进行作业。翻地时，理想的含水量是18%～22%；沙土的含水量稍大点；黏土的含水量稍小点。秋翻地要注意保证翻、耙地的质量，耕翻深度 20～23 厘米，做到无漏耕、无立垡、无坷垃；翻后耙压，按种植要求的垄距，及时起垄或夹肥起垄镇压。另一种是秋季直接灭茬，然后起垄、镇压，达到播种状态。不具备秋翻条件的情况下，或没有秋翻能力的地方，可采用秋灭茬同时起垄的办法进行整地。一定保证灭茬的质量，灭茬深度 10～15 厘米；灭茬后及时起垄，同时进行镇压，避免失墒。②抗旱播种技术。上年已经秋整地并起垄达到播种状态的地块，在播种前进行垄上拖土，把干土拖去后再进行播种；上年没有进行秋整地的地块，春季不要动土，在原垄上播种，避免失墒保不住苗；对秋翻地块，采用机械深开沟、浅覆土、重镇压的技术措施，保证种子接墒出苗；将现有的播种机的宽开沟器进行改造，改成窄开沟器，并在开沟器上安一个分土板，这样既可以减少投入，又能提高播种质量，确保苗全、苗齐、苗壮。③苗带重镇压技术。苗带镇压可使土壤紧实，形成毛细管，使下层水分向苗带运移；能防止风蚀；可提高地温；能够增加土壤中硝态氮的含量。为了使土壤压实程度符合农艺要求，并有较高的工作效率，镇压作业速度一般在 7～8 千米/时，应适当推迟镇压的时间；干旱严重的地块，应随播随镇压；播后因雨不能镇压的地块，要在地表干后及时进行镇压。就东北地区而言，十年九春旱，因此，春播玉米一定要播种在湿土上，同时必须搞好播后苗带镇压，干旱年份要重压，有利于引墒匀墒，提高抗旱能力，促进早出苗、快出苗，播种后镇压过轻的可进行二次镇压。

158. 玉米抢墒播种应注意的问题有哪些？

一些种植户为了抢墒情，经常过早播种，因为地温较低或墒情不好，在播种春玉米后，常常不能实现一播全苗、苗齐苗壮的目的。有的还会出现大面积不出苗的现象。直接影响玉米的产量和种植效益。在播种过程中应注意以下几点：①选择适宜品种。当前市场上销售的玉米品种很多，出现多、乱、杂现象，给农民选择品种带来一定困难。在选择品种时，首先要选择生育期与当地气候相适宜的品种，保证能够正常成熟，避免生育期过早或过晚造成减产。其次要注意品种包装袋上介绍的品种特性及优缺点，根据当地自然条件，选择稀植或密植品种，一般平川水肥地，宜选择密植型品种；丘陵山区和比较干旱地区，宜选用稀植大穗型品种，要严格按照品种要求的密度播种。最后，要注意品种的抗病性，选择高抗当地经常发生的病害的品种，一定要选择药剂包衣种子，减少病害发生。②选择合适的日期播种。玉米播种过早易造成低温烂种、出苗不齐，播种过晚则导致后期籽粒不能正常成熟。当土壤表层 0～10 厘米深地温在 10～12 ℃，即可进行播种。适宜播期一般为 4 月下旬至 5 月上旬。③注意种、肥分开距离。以前，农民种地多是采用畜力蹚垄沟，然后再在垄沟里施肥播种，虽然种子和肥料都是放到一个垄沟中，但是由于是人工施肥播种，肥料分散面积大，一般情况下不会出现烧苗现象。近几年，随着农业机械化程度的逐步提高，农民在播种春玉米时大多使用机械播种，在播种时施用的化肥就全播撒在一个很窄的垄沟中，虽然所施肥料与玉米种子有一段距离，但是，因为机械施用的肥料非常集中，局部浓度很大，稍不注意就出现烧苗的现象；并且，只要出现这样的现象，就不仅仅是一条垄两条垄的问题，而是整个地块都会这样。因此，农民在种植春玉米时，尽量调整种子与肥料的间距，避免肥大烧苗。④注意控制基肥用量。农民在播种前要根据玉米整个生育期间的需肥规律，合理安排基肥、追肥使用数量，不要盲目扩大基肥用量。这样不但可以避免烧苗，还可以节省用肥量，降低生产成本，增加种植收入。⑤注意控制播种深度。玉米的最佳播种深度在3～5厘米。因为春天气候干燥、土壤含水量低，种植户为了防止播后土壤干旱，尽可能增加播种深度，以利种子吸收水分；但是，如果播种过深，会增加玉米出苗时间，影响出苗后的强壮程度。玉米播种后，如果长时间不能及时出苗接受阳光照射进行光合作用的话，仅凭玉米种子自身储藏的物质不能长期供应种子出土的营养需要，这就很容易造成烂种。所以说，单纯地增加播种深度，不但不能提高出苗率，有时还会起到相反的作用。因此，在种植春玉米时，一定要根据土壤墒情，及时进行灌溉，保证足墒播种，而不是一味地增加播种深度。⑥注意播后镇压。春季降水较少，空气干燥，又是多风季节，土壤失水较快。春玉米播种后，不及时地进行镇压，会使土壤迅速失水变干，影响出苗。因此，播种后一定要立即镇压，压实土壤，提墒保墒，增加土壤湿度，保证玉米种子的水分供应，实现一播全苗、苗齐、苗壮。

159．玉米一生需水特点有哪些？有哪几个关键期？

玉米是高产作物，植株高大，茎叶茂盛，一生中生产的有机营养物质多，因此需水较多。一般情况，从玉米生长发育的需要和对产量影响较大的时期来看，一般应浇好4次关键水。①造墒水。播种时，良好的土壤墒情是实现苗全、苗齐、苗壮、苗匀的保证。若土壤墒情不足或不匀进行播种，势必造成缺苗断垄，或玉米苗大小参差不齐，弱小株多，空秆率高。玉米播种适宜的土壤水分为田间持水量的65%～75%，播种时若土壤含水量低于田间持水量的65%，必须造墒后播种，夏玉米也可播后浇"蒙头水"。②拔节水。玉米苗期植株较小、耐旱、怕涝，适宜的土壤水分为田间持水量的60%～65%，一般情况下可以不浇水。但玉米拔节后，植株生长旺盛，雄穗和雌穗开始分化，需水量增加，若土壤含水量低于田间持水量的65%，就要浇水，一般每亩浇水量55立方米左右。浇拔节水利于茎叶和雌穗生长以及小花分化，可以减少空秆，增加穗粒数。③抽穗水。

玉米抽雄开花期前后，叶面积大，温度高，蒸腾蒸发旺盛，是玉米一生中需水量最多、对水分最敏感的时期。这时，适宜的土壤含水量为田间持水量的70％～80％，低于70％就要浇水，每亩浇55～60立方米。这时灌溉，可以提高玉米花粉和花丝的生活力，有利授粉结粒；可以延长叶片的功能期，提高光合能力，增加干物质生产；有利于籽粒灌浆，减少籽粒败育，增加穗粒数和提高千粒重。灌抽穗水一定要及时、灌足，不能等天靠雨，若发现叶片萎蔫再灌水就晚了。据试验，抽雄前后短期干旱，引起叶片萎蔫后1～2天再灌水的，也会减产20％。④灌浆水。籽粒灌浆期间仍需要较多的水分。适宜的土壤含水量为田间持水量的70％～75％，低于70％就要灌水，一般情况下，每亩灌水55立方米左右。这时灌溉可以防止植株早衰，保持较多的绿叶数，维持较高的光合作用，可以延长籽粒灌浆时间和提高灌浆速度，有利于提高粒重。

160．如何提高玉米自然降水资源利用率？

水资源总量是作物生产潜力的基础，但不是决定因素。分布均匀与否、利用率高低，才是作物高产的关键。如何提高降水利用率是夺取玉米高产、稳产的前提与保障。提高玉米自然降水利用率要重点考虑以下4方面因素。①加深耕层、培肥地力。②秸秆覆盖，保护土壤表层，防止水土流失，减少地表径流，增加雨水入渗，抑制水分蒸发。③深松土壤，提高土壤的蓄水能力。深松部位土壤疏松，有利于雨水入渗，加之深松后一般土壤表面粗糙度增加，可阻碍雨水径流，延长雨水入渗时间，因此，在一定条件下可以多蓄水。④深松能够减少降雨径流，减少土壤水蚀。深松不翻动土层，使残渣、秸秆、杂草大部分覆盖于地表，有利于保水，减少风蚀，又可以吸纳更多的雨水，还可以延缓径流的产生，减弱径流的强度，减少水土流失，有效保护土壤。

161．如何实现节水灌溉？

①地面灌溉。20世纪80年代后期，推广了一些新的灌水方法，如水平畦（沟）灌、波涌灌、长畦分段灌等，节水效果有很大提高。②喷灌和滴灌。喷灌技术具有输水效率高、地形适应性强和改善田间小气候的特点，且能够和喷药、除草等农业技术措施相配合，节水、增产效果良好。对水资源不足、透水性强的地区尤为适用。滴灌是利用滴头或其他微水器将水源直接输送到作物根系，灌水均匀度高，且能够和施肥、施药相结合，是目前节水效率最高的灌溉技术。③膜下滴灌。将地膜栽培技术同滴灌技术有机结合，就是在滴灌带或滴灌毛管上覆盖一层地膜，是一项节水增效农田灌溉新技术。膜下滴灌的优点是灌溉用水最省、肥料利用率提高、增产效果明显、投工费很低、工程造价便宜等。④应用其他

节水灌溉技术。在我国西北干旱、半干旱地区采用膜上灌溉。和一般灌水方法不同的是，膜上灌是由地膜输水，并通过放苗孔入渗到玉米根系。由于地膜水流阻力小，灌水速度快，深层渗漏少；而且地膜能够减少棵间蒸发，节水效果显著。在新疆和山东、江苏等没有灌溉条件的坡地可采用皿灌。皿灌是利用没有上釉的陶土罐储水，罐埋在土中，罐口低于田面，通常用带孔的盖子或塑料膜扎住，以防止罐中水分蒸发。可以向罐中加水，也可以收集降雨。

162. 玉米不同生育时期的缺水症状有哪些？

玉米各生育时期的需水量是两头小、中间大。降水是供给玉米水分的主要来源。玉米不同生育期的水分需求特点：①出苗至拔节期。植株矮小，气温较低，需水量较少，仅占全生育期总需水量的 15%～18%。出苗后土壤含水量控制在田间持水量的 60%左右，使玉米苗避免旺长。②拔节至灌浆期。玉米迅速生长，叶片增多，气温也升高，玉米的蒸腾量加大，因而要求较多的水分。从拔节到灌浆需水约占总需水量的一半，特别是抽雄穗前后 1 个月内，缺水对玉米生长影响极明显，严重缺水时，造成雄穗或雌穗抽不出，称"卡脖旱"。因此，抽雄前后要有足够的水分，土壤含水量占田间持水量的 70%～80%为适宜。③成熟期。对水分要求略有减少，这时期需水量占总需水量的 25%～30%，这时缺水，会使籽粒不饱满，千粒重下降。

163. 玉米苗期田间积水如何处理？

玉米苗期的生长管理非常重要，不仅是玉米，其他农作物也是一样。玉米涝灾的危害是非常大的，当田间长时间有积水时，土壤和空气被隔离，玉米根系得不到呼吸，轻则根系扎不深、不发达，重则直接死亡，所以，如果有遇到涝灾的情况，要及时解决。一是要尽快把水排出，这是最有效的办法。二是要尽快除草。玉米苗期时，正是除草的好时期。当田间积水排出后，由于地比较湿，杂草会长的很快，所以，等田间稍微晾晒几天后，人能下田，及时打玉米苗后除草剂。如果玉米长到了 8 片叶以后，就不建议打了，8 片叶以前都可以。三是要追肥。当苗期的玉米被水淹以后，会有一段的弱势期，缺少养分，这时候，要对其进行追肥。一般情况下，追施尿素就行，同时也可以加一些磷肥、钾肥；如果过段时间长势还较弱，就要喷洒叶面肥，补充一些微量元素，以氮、磷、钾为主，其他元素为辅。四是病虫害防治。按照正常的玉米生长环境，苗期的病虫害也需要及时预防和防治，而发生涝灾以后的玉米，抗逆性减弱，但是病虫害却没减，而且还有加大的趋势；所以，发生涝灾以后，病虫害的防治一定要注意，即使还没发生，也要打药预防。

164. 玉米穗期生育特点和主攻目标有哪些?

玉米穗期的生育特点是营养生长和生殖生长并进,生长中心由根系转向茎叶、雄穗、雌穗已先后开始分化,植株进入快速生长期。这个阶段根、茎、叶的生长与穗分化之间争夺养分、水分的矛盾突出,正是追肥灌水的关键时期。玉米穗期的主攻目标是控秆、促穗、植株健壮,为穗大、粒多奠定基础。丰产长相是植株敦实粗壮,根系发达、气生根多,基部节间短,叶片宽厚、叶色浓绿,上部叶片生长集中,迅速形成大喇叭口,雌雄穗发育良好。管理措施:①开沟培土。结合中耕管理进行开沟培土,可起到翻压杂草、提高地温、增厚玉米根部土层的作用,有利于气生根生成和伸展,防止玉米倒伏,有利于灌水、排水。②适期追肥。此期处在玉米需水肥的临界期,是形成穗大、粒多的关键时期,要重施氮肥;结合开沟,亩施氮肥20千克左右,追肥深度5厘米。③及时灌水。开沟追肥结束后,应根据天气、土壤墒情和玉米长相及时灌水。④防止病虫害。玉米穗期主要害虫是玉米螟、棉铃虫、红蜘蛛、蚜虫、叶蝉等。此期应加强田间监测及做好农情调查,发现病虫危害要及时进行防治。

第八章　玉米病、虫、草害管理

165．玉米瘤黑粉病的症状及防治措施有哪些?

玉米瘤黑粉病，又名玉米"乌霉"，病原菌为真菌，是由玉米黑粉菌所引起的一种局部侵染性病害，在玉米各生育时期、各个部位均可发病。该病在我国各玉米产区普遍发生，分布广泛，是玉米生产中的重要病害。由于病菌侵染植株的茎秆、果穗、雄穗、叶片等幼嫩部位，所形成的黑粉瘤消耗大量的植株养分或导致植株空秆不结实，因此，可造30％～80％的产量损失。

（1）病害症状　幼苗长到3～5片叶时即可显症，苗期染病植株扭曲抽缩，叶鞘及心叶破裂，严重的会出现早枯；叶片被感染，一般形成的菌瘿如豆粒或花生粒大小；茎或气生根被感染，形成的菌瘿如拳头大小；雌穗被侵染，多在果穗上中部或个别籽粒上形成菌瘿，严重的全穗形成大而畸形的菌瘤；雄穗被侵染，大部分或个别小花形成长囊状或角状病瘤。菌瘤外包有寄主表皮组织形成薄膜，均为白色或淡紫红色，渐变成灰色，后期变为黑灰色瘤状菌瘿，菌瘿成熟后散出大量黑粉（冬孢子）。

（2）防治对策　①轮作倒茬。玉米瘤黑粉病病菌主要在土壤中越冬，所以进行大面积的轮作倒茬是防治该病的首要措施，尤其是重病区至少要实行3～4年的轮作倒茬。②消灭病菌来源。施用充分腐熟的堆肥、厩肥，防止病原菌冬孢子随粪肥传病。越冬期间注意铲除病株，及时销毁并应在春播前处理完毕；秸秆用作肥料时要充分腐熟；田间遗留的病残组织应及时深埋。③种子处理。可以使用0.2％硫酸铅或克菌丹等拌种，以消灭种子所带来病菌，同时还可以促进幼苗生长，提高抗病能力。④摘除病瘤。在玉米生长期间，结合田间管理，应在发病部位的病原菌"瘤子"未变色时，进行人工摘除，用袋子带出田外，进行集中深埋或焚烧销毁，减少田间菌源量。切不可随意丢在田间，成熟的病瘤丢在田间后，病瘤产生的黑粉（病原菌）会随风、雨漂移，再次感染玉米幼嫩组织，直到玉米完全成熟。实践证明，摘除销毁病瘤是防治玉米瘤黑粉病的最好措施之一。⑤田间管理。合理追肥，避免偏施氮肥；合理密植，增加光照，增强玉米抗逆性；及时灌溉，特别是抽雄前后加强灌溉；及时防治玉米螟等害虫；尽量减少机械损伤。⑥药剂防治。在玉米抽雄前10天左右，用50%福美双可湿性粉剂500～800倍或50%多菌灵可湿性粉剂800～1 000倍喷雾，可减轻再侵染危害。

166．玉米瘤黑粉病的发生规律及原因有哪些?

（1）发生规律及特征 该病在玉米的生育期内可进行多次侵染，玉米抽穗前后1个月为盛发期。玉米抽雄前后遭遇干旱，抗病性受到明显削弱，此时若遇到小雨或结露，病原菌一旦得以侵染，就会严重发病。玉米生长前期干旱，后期多雨高湿，或干湿交替，有利于发病。遭受暴风雨或冰雹袭击后，植株伤口增多，也有利于病原菌侵入，发病趋重。玉米螟等害虫既能传带病原菌孢子，又能造成虫伤口，因而虫害严重的田块，瘤黑粉病也严重。病田连作，收获后不及时清除病残体，施用未腐熟农家肥，都使田间菌源增多，发病趋重。种植密度过大，偏施氮肥的田块，通风透光不良，玉米组织柔嫩，也有利于病原菌侵染发病。

（2）发生原因 ①头年玉米收获后，冬孢子在土壤中或病株残体上越冬，冬春干燥冬孢子不易萌发，也不易失去活力而死亡。夏季遇到适宜的温湿度条件，越冬的孢子萌发产生担孢子，随风雨传播，落到玉米幼嫩组织，在有水滴的情况下很快萌发侵入玉米幼嫩组织的表皮内产生病瘤，所以前旱后湿以及高温的气候是该病发生的主要原因。冬春及初夏干旱少雨，有利于黑粉病病菌冬孢子存活，并且不利于玉米的正常生长；后期降水偏多，为黑粉病病菌孢子的萌发、侵染创造了极有利的条件。②玉米瘤黑粉病病菌孢子对不良环境的忍耐力较强，干燥的冬孢子在室内可存活4年之久。玉米瘤黑粉病菌的冬孢子没有明显的休眠现象，成熟后遇到适宜的温度、湿度条件就能萌发。冬孢子萌发的适温为26～30℃，最低为5～10℃，最高为35～38℃，在水滴中或在98%～100%的相对湿度下都可以萌发。在北方，冬、春干燥，气温较低，冬孢子不易萌发，从而延长了侵染时间，提高了侵染效率；而在温度高、多雨高湿的地方，冬孢子易萌发失效。③由于农民对常年堆放在村庄路边的玉米秸秆不进行处理，有的农民甚至将病菌黑孢子随便丢到田间地头，致使其带菌冬孢子随风传播到附近田块，形成再侵染，故而村庄路旁的玉米田块发病较重。④山地及土壤贫瘠、干旱的田块玉米，抽雄前后不能及时灌水施肥造成玉米生理干旱，膨压降低，抗病力下降，如遇微雨多雾天气，就会严重发病。

167．玉米丝黑穗病的症状及防治措施有哪些?

玉米丝黑穗病又称乌米、哑玉米、灰包，在华北、东北、华中、西南、华南和西北地区普遍每年都有不同程度发生。以北方春玉米区、西南丘陵山地玉米区和西北玉米区发病较重。一般年份发病率在 2%～8%，个别地块达 60%～70%，损失惨重。

（1）危害症状 主要危害玉米的果穗和雌花，一旦发病，通常全株颗粒无收。因此，该病的发病率等于病害的损失率。一般在出穗后显症，但有些在苗期显症，即在 4～5 叶上生 1～4 条黄白条纹；另一种植株茎秆下粗上细，叶色暗绿，叶片变硬、上挺如笋状；还有兼具前两种症状或 6～7 片叶显症。雄穗染病后，有的整个花序被破坏变黑；有的花器变形增生，颖片增多、延长；有的部分花序被害，雄花变成黑粉。雌穗染病后，穗长较健穗短，下部膨大顶部较尖，整个果穗变成一团黑褐色粉末和很多散乱的黑色丝状物；有的增生，变成绿色枝状物；有的苞叶变狭小，簇生畸形，黑粉极少。偶尔侵染叶片，形成长梭状斑，裂开散出黑粉或沿裂口长出丝状物。病株多矮化，分蘖增多。

（2）防治办法 ①选用抗病杂交种。②实行 3 年以上轮作、调整播期，提高播种质量，适当迟播，采用地膜覆盖新技术。及时拔除新病田病株，减少土壤带菌。③种子包衣。播前按药种 1∶40 进行种子包衣，防治玉米丝黑穗病。④早期拔除病株，在病穗白膜未破裂前拔除病株，特别对抽雄迟的植株注意检查，连续拔几次，并把病株携出田外，深埋或烧毁。

168. 玉米丝黑穗病的发生规律有哪些？

病菌在土壤、粪肥或种子上越冬，成为翌年初侵染源。种子带菌是远距离传播的主要途径。厚垣孢子在土壤中存活 2～3 年。玉米播后发芽时，越冬的厚垣孢子也开始发芽，在玉米 4 叶期之前都可侵入，并到达生长点，随玉米植株生长发育，进入花芽和穗部，形成大量黑粉，成为丝黑穗，而后产生大量冬孢子越冬。玉米连作时间长及早播的玉米发病较重；高寒冷凉地块易发病；沙壤地发病轻。另外，旱地墒情好的发病轻；墒情差的发病重。

169. 玉米大斑病的症状及防治措施有哪些？

玉米大斑病是玉米的重要叶部病害之一。主要危害玉米的叶片、叶鞘和苞叶。病原菌以菌丝体或分生孢子在病组织内越冬，病菌借风雨、气流传播，一年可多次侵染植株，玉米自苗期以后期间均可发生。

（1）病害症状 ①从下部叶片开始，发病部位出现水渍状（室内）或灰绿色小斑点（田间）；②后沿叶脉方向迅速向两端扩大形成黄褐色或灰褐色梭形大斑；③病斑中间颜色较浅，边缘较深。④后期病斑常纵裂，严重时叶片变黄枯死，潮湿时病斑表面有灰黑色霉层。

（2）防治方法 ①选用抗病品种。②减少菌源。在发病初期及时摘除玉米下部叶片，拔除严重发病株减少病原菌；大斑病严重发生年，在玉米收获后，需彻底清除田间病残体，并集中处理或做堆肥高温发酵处理病菌，特别严重发病地块应轮作其他作物。③加强栽培管理。适时早播，可以使玉米提早抽雄，避开雨季；增加农家肥、磷肥、锌肥的使用量，保证植株健壮生长；采取合理的密植技术，增加通风透光，降低田间湿度，改善田间小气候，可有效地控制和减轻大斑病发生危害。④药剂防治。在心叶末期到抽雄期或发病初期喷洒 40％的福星 2～3 毫升/亩，已发病地块酌情增加用药量；或用 50％多菌灵可湿性粉剂 500 倍液、75％的百菌清可湿性粉剂 300～500 倍液、70％的甲基硫菌灵可湿性粉剂 800 倍液喷雾，7～10 天喷药 1 次，连喷 2～3 次。

170．玉米大斑病的传播途径和发病条件有哪些？

病原菌以菌丝或分生孢子附着在病残组织内越冬，成为翌年初侵染源；玉米种子也能带少量病菌。田间侵入玉米植株后，经 10～14 天在病斑上可产生分生孢子，借气流传播进行再侵染。玉米大斑病的流行除与玉米品种感病程度有关外，还与当时的环境条件关系密切。温度 20～25 ℃、相对湿度 90％以上利于病害发展；气温高于 25 ℃或低于 15 ℃、相对湿度小于 60％，持续几天，病害的发展就受到抑制。在春玉米区，从拔节到出穗期间，气温适宜，又遇连续阴雨天，病害发展迅速，易大流行。玉米孕穗、出穗期间氮肥不足发病较重。低洼地、密度过大、连作地易发病。

171．玉米灰斑病的症状及防治措施有哪些？

（1）危害症状 玉米灰斑病主要危害叶片，也可侵染叶鞘和苞叶。发生在玉米成株期的叶片、叶鞘及苞叶上。发病初期为水渍状淡褐色斑点，以后逐渐扩展为浅褐色条纹或不规则的灰色至灰褐色长条斑，这些病斑与叶脉平行延伸，病斑中间灰色，边缘有褐色线，病斑大小为 0.5～3.0 毫米。潮湿时，叶背病部生出灰色霉层，病害从下部叶片开始发生；气候条件适宜时，可扩展至上部叶片，乃至全部叶片；严重时，病斑汇合连片，致使叶片提早枯死。叶片两面（尤其在背面）均可产生灰黑色霉层，即病菌的分生孢子梗和分生孢子。

（2）防治措施 ①选用抗病品种。选用适合当地种植、丰产性好、抗玉米灰斑病的优质良种，是保证玉米高产稳产的重要措施。②合理轮作，加强监测。尤其是发病严重的地块，需合理布局作物与品种，定期轮换，减少玉米灰斑病病菌侵染源。做好系统调查和玉米灰斑病检测工作，以利于适时指导农户进行有效防治。③合理安排作物布局，利用生物多样性控制灰斑病流行。合理密植，改进种植方式，实行宽窄行种植，采用2：2（2行玉米间种2行经济作物）或2：1（2行玉米间种1行豆类作物）。通过改善种植方式，能充分利用光热资源，促进田间通风透光，防止玉米倒伏，降低田间湿度，提高玉米抗病性，减缓病害发生和流行，达到控制病害发生的目的，从而提高玉米单产，增加农民收入。④合理施肥。增施有机肥，氮、磷、钾肥合理搭配，因地制宜施用微肥，促使玉米健壮生长，提高玉米的抗病能力。根据玉米的生理特性，应遵循施足底肥、轻施提苗肥、重施拔节孕穗肥、巧施粒肥的原则。施足底肥，增施磷钾肥，促进植株健壮生长，从而提高抗病能力。⑤加强田间管理。清洁田园，减少病原菌。枯叶、秸秆等病残体是灰斑病的主要病源，玉米收获后，要及时彻底清除遗留在田间地块中的玉米秸秆、病叶等病残体，尤其是堆过秸秆的重病地块，应彻底清除，并在雨季开始前处理完毕；处理方法是带出田外用火集中烧毁。秸秆堆肥时，要彻底进行高温发酵、加速腐解等。上述做法均可减轻病害的发生。⑥药剂防治。应遵循"预防为主，综合防治"的方针。根据灰斑病发生、发展和危害的特点，主要在玉米大喇叭口期、抽雄抽穗期和灌浆初期3个关键时期进行药剂防治。根据防治效果和最低使用成本原则，选择对玉米灰斑病防治效果较好的药剂，主要有25％丙环唑可湿性粉剂135毫升/公顷兑水喷雾；10％苯醚甲环唑450克/公顷兑水喷雾；75％三环唑（或稻瘟净）＋农用链霉素＋70％甲基托布津（或多菌灵）各1/2袋混合兑水喷雾。5～7天防治1次，连续用药2～3次，施药时要注意喷匀喷透，若喷后1～2小时内遇雨应重喷，确保防治效果。

172．玉米灰斑病的发生规律有哪些?

玉米灰斑病病菌以菌丝体和分生孢子在玉米秸秆等病残体上越冬，成为第二年的初侵染源。该病较常在温暖湿润和雾日较多的地区发生；连年大面积种植感病品种，是翌年该病大发生的重要条件。该病于6月中下旬初发，下部叶先发病；7月缓慢发展，危害至中部叶片；8月上中旬发病加快，加重危害；8月下旬至9月上旬，由于高温高湿，容易迅速暴发流行；甚至在7天内能使整株叶片干枯，形成农民俗称的"秋风病"。

173．玉米茎腐病的症状及防治措施有哪些?

玉米茎腐病是由多种病菌单独或复合侵染引起的一种病害，主要危害玉米植株茎秆和叶鞘。发病时，叶鞘上初现水渍状病斑，病组织开始软化，散发出臭味；叶鞘上病斑呈现不规则形，边缘浅红褐色。湿度大时，病斑向上下迅速扩展，严重时植株常在发病后3～4天内从病部以上倒折，溢出黄褐色腐臭菌液。干燥条件下，扩展缓慢，但病部也易折断，造成不能抽穗或结实。玉米茎腐病在苗期表现为茎基腐，在成熟期表现为青枯，因此，也叫玉米青枯病。

（1）玉米茎基腐病（玉米青枯）症状　玉米茎基腐病主要侵染玉米根部及茎基部，病菌自根系侵入，在植株体内蔓延扩展。在苗期剖根或茎基部检查发现，木质部变褐，严重的初生根、次生根坏死、腐烂，造成根部和茎基部腐烂，引起倒伏或整株枯死；地上部分表现为中下部叶片边缘变黄变褐，严重的整株叶片枯黄。玉米茎基腐病在乳熟后期至蜡熟期为显症高峰期。病株最初表现萎蔫，全株叶片突然褪色、无光泽，叶片自下而上失水变成青灰色并干枯，呈现青枯症状；有的病株出现急性症状，即在乳熟末期或蜡熟期全株骤然青枯，没有明显的由下而上逐渐发展的过程，这种情况在雨后乍晴时较为多见。从始见病株到全株显症，一般需1周左右，短的仅需1～3天，长的可持续15天以上。病株根部、茎基部空心变软，遇风易折倒，破开后可见茎髓组织变褐分解，须根减少，易拔起；果穗下垂，穗柄柔韧，不易掰离，籽粒无光泽灰暗，排列松散易脱粒。

（2）玉米细菌性茎腐病症状　玉米细菌性茎腐病是在玉米10多片叶时大喇叭口期前开始发病，首先，植株中下部的叶鞘和茎秆上出现不规则的水浸状病斑；而后，病菌在侵染茎秆、心叶的过程中，造成生长点组织坏死、腐烂，心叶失绿萎蔫、易拔出；最后，造成病株组织软化、腐烂，并散发出腥臭味。病株容易从病部折断，不能抽穗或结实，一般发病率即相当于损失率。

（3）防治办法　采取以种植抗病品种为主，栽培技术为基础的综合防治措施。①种植抗耐病品种。种植抗耐病品种是防止玉米茎基腐病和玉米细菌性茎腐病发生的最有效措施。②合理轮作。玉米茎基腐病是一种重要的土传真菌性病害，主要是土壤带菌。在玉米连作地，土壤中病原菌积累数量大，发病重；而玉米细菌性茎腐病也由于在玉米连作地土壤内存在大量细菌而发病重，因此，有条件的地方，应实行轮作倒茬，可防止土壤中病原菌的积累，有效预防病害的发生。③清洁田间。玉米收获后，彻底清除田间病株残体，集中烧毁或高温沤肥，减少田间初侵染来源。④合理密植。由于过度密植可造成田间郁闭、通风透光不良，而加重病情，因此要合理密植，改善农田小气候，创造良好的生长环境。⑤加强栽培管理。合理施肥、避免偏施氮肥、增施钾肥可明显降低发病率。要采用高畦栽培，严禁大水漫灌，注意雨后及时排除积水，防止湿气滞留。要及时中耕松土，避免各种损伤。⑥拔除病株。田间发现病株后，及时拔除，携出田外沤肥或集中烧毁。⑦药剂拌种。药剂拌种可以减少种子表面带菌率，并减少土壤中病原菌的侵染，减轻病害的发生。可用25%粉锈宁可湿性粉剂100～150克，兑水适量，拌种50千克。⑧化学防治。在玉米细菌性茎腐病发生初期及早用77%可杀得可湿性粉剂600倍液或72%农用链霉素可湿性粉剂4 000～5 000倍液喷雾防治；玉米茎基腐病则亩用 57.6% 冠菌清 15～20 克兑水 30 千克喷雾防治。⑨及时防病治虫。苗期开始注意防治玉米螟、棉铃虫等害虫，可减少伤口损伤，有效预防或降低发病率。

174. 玉米茎腐病的发生原因有哪些?

玉米茎基腐病是由几种镰刀菌或几种腐霉菌引起的危害玉米根和茎基部的一类土传真菌病害，是以土壤带菌、侵染主根部为主的系统性侵染病害。病菌在土壤中的病残组织上越冬，翌年从植株气孔或伤口侵入。苗期容易因为玉米铁茬播种导致土壤板结、通透性差，或者由于肥力较差、天气过旱或过涝、土壤中除草剂残留过多，造成幼苗根系发育不良、生长势弱、抗病性降低；玉米生长中期，生长迅速、组织柔嫩，也容易感病。玉米近成熟期发生青枯病，一方面与品种自身的抗病性有关；另一方面与当时的气候条件有密切关系，适逢高温多雨年份，尤其遇暴雨突然转晴，该病可能大流行。在灌浆中期到蜡熟期，连续阴雨，光照不足，重阴暴晴，是青枯病发生的最有利条件；茎基部叶鞘间雨后积水湿度大，也容易发病；施氮肥过多、过度密植、田间郁闭，通风透光不良及对植株造成各种损伤，都会加重病情；玉米连作地，土壤中病原菌积累数量大，发病重；低洼积水的玉米田也极易导致发病。

玉米细菌性茎腐病是近年来新发现的一种高危害的病害，为暴雨、暴晴所致。玉米细菌性茎腐病是由细菌侵染而引起的一种毁灭性病害。病原细菌在田间病残体上越冬，成为第二年初次侵染的主要来源，在田间病菌随气流和风雨传播蔓延。病菌主要从伤口和叶鞘间侵入。气温高、湿度大、阴雨连绵、热水灌溉或雨后闷热是该病发生、蔓延的有利条件。气温 28～30 ℃、相对湿度 80% 以上开始发病；温度 34～35 ℃，病害扩展最快；气温下降至 26 ℃ 以下时，病害即停止发展。7 月上中旬，天气高温多雨，潮湿闷热，叶鞘积水，最有利于病菌侵染。当玉米 60 厘米高时，组织柔嫩易发此病，害虫危害造成的伤口也有利于病菌侵入。此外，害虫携带病菌的同时，还起到传播和接种的作用，如玉米螟、棉铃虫等虫口数量大则发病重。玉米连作地由于土壤内存在大量细菌而发病重。地势低洼或排水不良，密度过大，通风不良，施用氮肥过多，伤口多，均可导致发病重。轮作、排水良好及氮、磷、钾肥比例适当地块植株健壮，发病率低。

175. 玉米穗腐病的症状及防治措施有哪些?

玉米穗腐病是一个与人类健康关系密切的玉米病害。全世界各地玉米生产地区都有发生。该病害的真菌复合体可以产生几种真菌毒素，如黄曲霉菌和伏马菌素等，会影响人和动物健康。

（1）玉米穗腐病症状　玉米果穗染病后，由于发病机理不同田间表现也不同：①果穗为暗灰色，籽粒褐色干腐，在苞叶的最外层有白色至橙红色或暗褐色到黑色小菌核，该病一般由纹枯病引起。②染病果穗顶部变为粉红色，籽粒间生有粉红色至灰白色菌丝；受害早的果穗，大多全部腐烂；病穗的苞叶与果穗黏结紧密，且在果穗与苞叶间长出一层淡紫色至浅粉红色霉层，有时病间显现蓝黑色的小粒点；后期受侵染的果穗，仅个别或局部籽粒染病，病粒易破碎。③受机械损伤或虫害、鸟害果穗，籽粒上或籽粒间常产生青绿色或绿褐色霉状物，常发生在果穗的尖端。④玉米倒伏后果穗着地，也易发生穗腐。另外，在玉米成熟后期和储藏过程中，高温多雨时也易发生整个果穗或果穗上部腐烂。该病病菌在籽粒、土壤、病残体上越冬。

（2）玉米穗腐病的防治方法　①选用抗病品种。在玉米品种的选择上，尽量选用一些抗病力较强的品种进行种植，好的品种生长快、植株强壮、生命力强，自然对于一些病菌的抵抗力也相对较强，自然较少染病。②种子处理。播前用含有戊唑醇＋咯菌腈，或多菌灵＋苯醚甲环唑等杀菌剂成分的种衣剂，可减轻危害，且预防丝黑穗病和瘤黑粉病。③适当调节播种期，尽可能使玉米孕穗至抽雄期避开雨季。合理密植，合理施肥，促进早熟，注意防治虫害以减少伤口侵染的机会。④加强田间管理，要增施钾肥或氮、磷、钾肥合理配合施用。降雨有积水时及时排水，防止田间长时间渍水。生育后期要促早熟，在籽粒进入蜡熟后期，实行站秆扒皮，以加快籽粒脱水。⑤药剂防治。大喇叭口期可选用乙蒜素加配苯甲·丙环唑、氟硅唑、戊唑醇等杀菌剂，2种不同类型的混用，喷施1～2次。喷药的同时可加入高效持效期长杀虫剂预防玉米害虫。

176．玉米穗腐病的发病规律有哪些？

果穗从顶部或基部开始发病，大片或整个果穗腐烂，病粒皱缩、无光泽、不饱满；有时籽粒间常有粉红色或灰白色菌丝体产生。另外，有些症状只在个别或局部籽粒上表现，其上密生红色粉状物，病粒易破碎。有些病菌在生长过程中会产生霉素，由它所引起的穗粒腐病籽粒在制成产品或直接供人食用时，会造成头晕目眩、恶心、呕吐。染病籽粒作为饲料时，常引起猪的呕吐，严重的会造成家畜死亡。

病菌在种子、病残体上越冬，为初浸染病源；病菌主要从伤口侵入（玉米螟、双斑长跗萤叶甲等害虫的侵害会加剧发病），病菌分生孢子借风雨传播。温度在15～28℃、相对湿度在75％以上的低温高湿条件易于病菌的浸染和流行（同时也会有较重的顶腐病发生）；成熟后期和储藏过程中，高温多雨时也易发生整个果穗或果穗上部腐烂。

177．玉米顶腐病的症状及防治措施有哪些?

玉米顶腐病是真菌性病害,表现为植株顶部腐烂、单果穗小、籽粒不饱满。

(1) 危害症状　玉米苗期至成株期均会表现出症状,并出现不同程度的矮化;中上部叶片表现失绿、畸形、皱缩或扭曲;边缘组织呈刀削状缺刻,边缘黄化,沿主脉一侧或两侧形成黄化条纹;叶基部腐烂仅存主脉,后期雌穗小或不结实。

(2) 防治方法　①及时铲趟。要充分利用晴好天气加快铲趟进度,排湿提温,消灭杂草,以提高秧苗质量,增强抗病能力。②剪除病叶。对玉米心叶已扭曲腐烂的较重病株,可用剪刀剪去包裹雄穗以上的叶片,以利于雄穗的正常吐穗,并将剪下的病叶带出田外深埋处理。③及时追肥。玉米生育进程进入大喇叭口期,要迅速对玉米进行追施氮肥,尤其对发病较重地块更要做好及早追肥工作;同时,要做好叶面喷施锌肥和生长调节剂,促苗早发,补充养分,提高抗逆能力。④药剂防治。在玉米顶腐病发病初期及时进行药剂防治,可选用80%代森锰锌600倍液或10%苯醚甲环唑800倍液施药,用药2次,间隔10~15天。

178．玉米顶腐病的发生规律有哪些?

病源菌在土壤、病残体和带菌种子中越冬,成为下一季玉米发病的初侵染菌源。种子带菌还可远距离传播,使发病区域不断扩大。顶腐病具有某些系统侵染的特征,病株产生的病源菌分生孢子还可以随风雨传播,进行再侵染。在低洼地块、土壤黏重地块相对发病严重;水田改旱田地块、坡地和高岗地发病轻。

179．玉米弯孢菌叶斑病的症状及防治措施有哪些?

玉米弯孢菌叶斑病俗称黄斑病,是近年迅速蔓延的一种病害。该病害一般能够导致玉米减产20%~30%,个别地块达50%以上,甚至绝产。

(1) 症状　玉米弯孢菌叶斑病主要危害叶片,也危害叶鞘和苞叶。初为褪绿小点,逐渐扩展成圆形或椭圆形病斑。在感病品种上病斑较大,宽1~2毫米、长1~4毫米,中央苍白色、黄褐色,边缘有较宽的环带,最外围有较宽的半透明草黄色晕圈,数个病斑相连可形成叶片坏死区。

(2) 防治措施　①栽培防治。一是大面积清除田间植株病残体,杜绝和减少初侵染来源;二是适当早播,早播可避病、逃病,从而减轻发病;三是增施肥料,除增施农肥外,要增施氮肥,凡是土层厚的肥壮地,以及施肥、追肥多的地块,玉米生长茂盛,一般发病都比较轻,重施氮肥可减轻发病30%以上。②药剂防治。亩用70%代森锰锌可湿性粉剂或50%退菌特可湿性粉剂70克加

12.5%禾果利可湿性粉剂30克，兑水30～40千克喷雾，每7～10天喷1次，连喷2～3次。

180．玉米弯孢菌叶斑病病害的循环及发生规律有哪些？

玉米弯孢菌叶斑病发生轻重与气象条件、品种抗性及栽培措施关系密切。根据近几年该病发生情况，总结归纳起来有"七重七轻"的特性。一是降水多、湿度大、温度高的年份发病重。弯孢菌叶斑病属于高温、高湿性病害，高温和高湿的协同作用能促使该病发展和流行。相反，持续干旱或者低温，都能抑制该病的发展和流行。二是感病品种发病重。有相当一部分玉米杂交种和自交系都是感病品种，如浚单20、郑单958等品种发病比较严重；而有些品种十分抗病，这是由品种抗性基因决定的。三是重茬地或邻近玉米秸垛的地块发病重。因为，玉米植株病残体是主要的初侵染来源，重茬地及秸垛病残体多，菌源多、菌量大，所以发病重；而换茬地块或远离玉米秸垛的田块，菌源少、菌量小、发病初期相对推迟，病情也比较轻。四是播种晚发生重，播种早发生轻。主要是在进入7月高温高湿季节，早播的植株已近成熟，部分避开了病害；相反，晚播的植株，此时正处于易感病的阶段，再加上有利的发病气象条件，病害发展流行速度快，很快超过早播的病情。五是施氮肥少发病重，施氮肥多发病轻。瘠薄地发生重，肥壮地发生轻。六是平地发病重，山地发病轻。在同一地方，海拔高的地方较海拔低的地方发病轻，主要是海拔高的地方通风透光好，不利发病。七是同一品种的不同发育阶段抗病性不同。玉米苗期比较抗病，随着植株生长发育，越来越易感病。

181．玉米矮化病的症状及防治措施有哪些？

玉米矮化病俗称君子兰苗、老头苗等，是东北春玉米区近年来发生较重的一种苗期病害。该病的发病率近乎等于产量损失率，一般年份发病率10%～30%，严重地块的或严重年份发病率达40%以上。

（1）症状　茎基部有裂纹，叶片呈黄绿条纹，只长叶不拔节，或生不出有效果穗。整个东北地区的西北部偏碱性沙壤土区域是玉米矮化病大面积发生的区域。发生机理至今还没有具体定论，可能与病毒病、金针虫、旋心虫等有关。在东北春玉米区，主要发生在西北部的沙壤土质地域。感病品种缺少有效的种衣剂进行包衣是其发生的主要原因。玉米田块一旦发生，次年如不更换抗病品种及选用有效的种衣剂进行包衣，则继续发生。该病害一旦发生，无药可治；防治措施是应用有效种衣剂进行包衣预防。

（2）防治措施　玉米矮化病的防治技术就是利用有效种衣剂包衣，达到控制玉米矮化病发生的防治技术。①了解种植品种对玉米矮化病的抗性情况，尽量选种抗病品种。②用含有 7％以上克百威或 5％以上丙硫克百威的种衣剂，按商品使用说明比例包衣（或相当于按 1∶50 药种比），包衣要均匀，选用正规厂家生产的种衣剂。③一般在播种前 1～2 天包衣，阴干。包衣时，要戴手套，做好安全防护措施。

182．玉米粗缩病的症状及防治措施有哪些？

玉米粗缩病是由玉米粗缩病毒引起的一种玉米病毒病。玉米粗缩病毒归于植物呼肠孤病毒组，是一种具双层衣壳的双链 RNA 球形病毒，由灰飞虱以持久性方法传播。玉米粗缩病是我国北方玉米主产区盛行的重要病害。

（1）玉米粗缩病的损害症状　玉米整个生育期都可感染发病，以苗期受害重，5～6 叶期即可显症，由在心叶基部及中脉两边开始发作，呈通明的油浸状褪绿虚线条点，逐步扩及整个叶片。病苗浓绿，叶片僵直，宽短而厚，心叶不能正常打开；病株成长缓慢、矮化，叶片背部叶脉上发作蜡白色拱起条纹，用手触摸有显著的粗糙感；植株叶片宽短僵直，叶色浓绿，节间粗短，顶叶簇生，状如君子兰；叶背、叶鞘及苞叶的叶脉上具有粗细不一的蜡白色条状突起，有显著的粗糙感。9～10 叶期，病株矮化现象更为显著，上部节间短缩粗肿，顶部叶片簇生，病株高度不到健株一半，大都不能抽穗结实；个别雄穗虽能抽出，但分枝很少，没有花粉。果穗畸形，花丝很少，植株严重矮化，雄穗退化，雌穗变形，严重时不能结实。

（2）玉米粗缩病的防治方法　①加强监测和预告。②依据本地条件，选用抗性相对较好的品种。③调整玉米的播期。依据玉米粗缩病的发作规律，在病害重发区域，应调整播期，使玉米对病害较为敏感的生育时期避开灰飞虱成虫盛发期，控制发病率。④及时铲除杂草。路边、田间杂草不仅是来年农田杂草的种源基地，并且是玉米粗缩病传毒介体灰飞虱的越冬、越夏寄主。⑤加强田间管理。结合定苗，拔除田间病株，集中深埋或焚毁，削减粗缩病侵染源。合理上肥、洒水，加强田间管理，促进玉米成长，缩短感病期，削减传毒时机，并增强玉米抗耐病性。⑥消除病毒种源。玉米粗缩病病毒首要在小麦、禾本科杂草和灰飞虱体内越冬；因而，要铲除田边、地边和水沟杂草，削减灰飞虱虫口基数。⑦药剂拌种。用内吸杀虫剂对玉米种子进行包衣和拌种，能够有效防治苗期灰飞虱，减轻粗缩病的传播。⑧喷药杀虫。玉米苗期出现粗缩病的地块，要及时拔除病株；并依据灰飞虱虫情预测状况，及时用 25％扑虱灵 50 克/亩，在玉米 5 叶期左右，每隔 5 天喷 1 次，连喷 2～3 次，同时用 40％病毒 A 500 倍液或 5.5％植病灵 800 倍液喷洒，防治病毒病。

183. 玉米疯顶病的症状及防治措施有哪些?

疯顶病是玉米的全株性病害。病株雌、雄穗增生畸形,结实减少,严重的颗粒无收。玉米全生育期都可发病,症状因品种与发病阶段不同而有差异。早期病株叶色较浅,叶片卷曲或带有黄色条纹。病株变矮并分蘗增多,有的株高甚至不到1米,不及健株的一半,分蘗多者可达6~10个。抽雄以后症状明显,类型复杂多样。最常见的症状是雄穗增生畸形,小花叶化,即雄穗小花都变为叶柄较长的变态小叶,大量小叶簇生,使雄穗变为刺猬状;有的病株雄穗上部正常,下部增生畸形,呈圆形绣球状。由于病株雄穗增生疯长,故称疯顶病。雌穗变态也较常见。有的病株雌穗不抽花丝,苞叶尖端变态,成小叶状簇生;但有时雌穗苞叶前端小叶状为品种特点,需注意区分。有的籽粒位置转变为苞叶,雌穗叶化,穗轴多节茎状。发病的雌穗结实很少,籽粒秕小;也有的雌穗分化出许多小雌穗,无花丝,全不结实。还有的症状类型表现为上部叶片异常。病株较正常植株高大,无雌穗和雄穗,上部茎秆节间缩短,叶片对生,叶片变厚,有明显的黄色条状突起;还有的病株心叶卷曲缠绕,直立向上,成牛尾状,病株不抽雄。但是心叶卷曲成牛尾状,还可由其他原因引起,应注意鉴别。在田间还经常看到疯顶病菌与瘤黑粉病菌复合侵染,病株既表现疯顶病的畸形特征,又出现瘤黑粉病的肿瘤。

防治疯顶病应采取以选育和使用抗病品种为主的综合措施。①选育和种植抗病品种。②使用无病种子。不在发病地区、发病地块制种,不使用病田种子,不从发病地区调种。③加强栽培管理。在玉米收获后,及时清除病田中病株残体和杂草,集中销毁;并深翻土壤,促进土壤中病残体腐烂分解;或实行玉米与非寄主作物轮作。玉米苗期严格控制浇水量,防止大水漫灌,及时排除田间积水,降低土壤湿度。发现病株后,要及时拔除。

184. 玉米疯顶病的传播途径及发病条件有哪些?

(1) 传播途径 玉米疯顶病是系统侵染的病害。病原菌主要以卵孢子在病残体或土壤中越冬。玉米播种后,在饱和湿度的土壤中,卵孢子萌发,相继产生孢子囊和游动孢子,游动孢子萌发后侵入寄主;高温高湿时,孢子囊萌发直接产生芽管而侵入。玉米幼芽期是适宜的侵染时期,病原菌通过玉米幼芽鞘侵入,在植株体内系统扩展而发病。

病株种子带菌,可以远距离传病,成为新病区的初侵染菌源。严重发病的植株结实很少,其籽粒的种皮、胚乳等部位都可能带有卵孢子和菌丝。有人发现在疯顶病的病田中,外观正常植株所结出的籽粒带菌率很高,传病的危险性很大。

发病地区所制玉米种子，完全有可能混有多数带菌种子。病原菌可侵染140余种禾本科植物，包括玉米、高粱、谷子、水稻、小麦、大麦、黑麦、燕麦、珍珠稷、甘蔗等作物以及多数禾草。田间多年生杂草病株也是疯顶病的初侵染来源之一。

（2）发病条件 玉米播种后到5叶期前，田间长期积水是疯顶病发病的重要条件。玉米发芽期田间淹水，尤其适于病原菌侵染和发病。春季降水多或田块低洼，土壤含水量高，发病加重。小麦和玉米带状套种也有利于发病。玉米自交系和杂交种之间抗病性差异明显。大面积种植感病杂交种，是疯顶病多发的重要原因。

185. 玉米褐斑病的症状及防治措施有哪些？

玉米褐斑病在全国各玉米产区均有发生，其中，在河北、山东、河南、安徽、江苏等省份危害较重。

（1）症状 该病发生在玉米叶片、叶鞘及茎秆，先在顶部叶片的尖端发生，以叶和叶鞘交接处病斑最多，常密集成行，最初为黄褐色或红褐色小斑点，病斑为圆形或椭圆形到线形，隆起附近的叶组织常呈红色，小病斑常汇集在一起；严重时叶片上出现几段甚至全部布满病斑，在叶鞘上和叶脉上出现较大的褐色斑点；发病后期病斑表皮破裂，叶细胞组织呈坏死状，散出褐色粉末（病原菌的孢子囊），病叶局部散裂，叶脉和维管束残存如丝状。茎上病多发生于节的附近。

（2）病原 属鞭毛菌亚门节壶菌属真菌。是玉米上的一种专性寄生菌，寄生在薄壁细胞内。休眠孢子囊壁厚，近圆形至卵圆形或球形，黄褐色，略扁平，有囊盖。

（3）发病规律 病菌以休眠孢子（囊）在土地或病残体中越冬，第二年病菌靠气流传播到玉米植株上，遇到合适条件萌发产生大量的游动孢子，游动孢子在叶片表面上水滴中游动，并形成侵染丝，侵害玉米的嫩组织。7～8月，若温度高、湿度大，阴雨日较多时，有利于发病。在土壤瘠薄的地块，叶色发黄、病害发生严重；在土壤肥力较高的地块，玉米健壮，叶色深绿，病害较轻甚至不发病。一般在玉米8～10片叶时易发生病害，玉米12片叶以后一般不会再发生此病害。

（4）防治方法 ①玉米收获后彻底清除病残体组织，并深翻土壤。②施足底肥，适时追肥。一般应在玉米4～5叶期追施苗肥，追施尿素（或氮、磷、钾复合肥）10～15千克/亩，发现病害，应立即追肥，注意氮、磷、钾肥搭配。③选用抗病品种，实行3年以上轮作。④合理密植。大穗品种3 500株/亩，耐密品种也不超过5 000株/亩，提高田间通透性。⑤提早预防。在玉米4～5片叶期，每亩用25%的粉锈宁1 000倍液或25%戊唑醇1 500倍液叶面喷雾,可预防玉米褐斑病的发生。⑥及时防治。玉米初发病时立即用25%的粉锈宁(三唑酮)可湿性粉剂1 500倍液喷洒茎叶或用防治真菌类药剂进行喷洒。为了提高防治效果可在药液中适当加些叶面肥,如磷酸二氢钾、磷酸二铵水溶液等;结合追施速效肥料,即可控制病害的蔓延,且促进玉米健壮,提高玉米抗病能力。

186. 玉米车鞭病的形成原因及防治措施有哪些?

玉米心叶出现扭曲、折卷、车鞭形状现象,属非寄生性病害。这种失常现象的特点是植株上部叶片卷成圆筒,或与雄穗轻微、全部卷成圆筒状。这种圆筒状,若发生早,常在底部的第3~5节上;若发生晚,常在大喇叭口期至抽雄前期。一般年份,玉米从出苗到抽雄前,都会出现心叶扭曲、畸形、折卷成鞭现象。它主要是由于生理不协调、叶片厚木质化的组织形成、心叶不同程度的扭曲。心叶的扭曲常类似车鞭形状或洋葱叶状。车鞭形常与遗传性叶片卷起、细菌性条纹病或缩顶病相混淆。这种不正常的车鞭形状在含某些美系自交系血缘的杂交种上表现较多,但在一般田块数量不多。近年来,各地区都有不同程度的发生。不同年份、不同品种发生程度也不相同,轻者会自然展开,对产量影响不大,个别严重地块,因雄穗发育不良而减产。

(1)车鞭形发生原因 ①在苗前使用除草剂不当、苗后进行杂草茎叶处理除草时,选用除草剂不对路、使用方法与操作不严格而引起,如2,4-D、乙草胺等除草剂,易诱发玉米心叶皱缩、扭曲、折卷、不能完全展开,植株生长缓慢、矮化。苗后、在玉米5叶后,使用除草剂不对路、使用量大、高温、与有机磷农药混用、已使用过有机磷农药(种衣剂、拌种、喷洒治虫等)、没定向施药等多种因素,致使在施药后7天内,出现玉米心叶皱缩、扭曲、畸形、卷折成鞭形,并呈现出药害症状,严重时心叶腐烂。夏玉米进行苗后杂草茎叶处理、除草,与有机磷杀虫剂混用、不定向、药量大,施药后3~7天玉米心叶卷成车鞭形,且比较严重。②虫害。玉米出苗后,麦秆蝇、麦叶蜂、蓟马危害严重的植株,心叶皱折、扭曲、卷成鞭形,特别严重的植株心叶难抽出。③由于品种等多种原因造成生理不协调,在特殊气候条件下,一些品种抗逆能力差,常常在大口期至抽雄前,生长发育出现异常,形成木质化组织,引起心叶扭曲、卷成鞭状,顶端歪向一侧,抽雄困难。此种现象多为品种生理现象,但特殊气候条件也会导致此种现象的发生,如生长前期遭受较长的低温、高湿,大口期遇到高温、干旱等多种因素。不同品种、不同年份此种现象均有发生。通常车鞭形的玉米植株易发生普通黑粉病。④苗期根腐病(茎基腐病)也会引起玉米苗心叶皱缩卷曲。

（2）防治方法　①严格化学除草规程。②夏玉米出苗后 3～5 天内喷药，隔 7～10 天再喷药 1 次，防治病虫害的发生。③遇旱浇水，遇涝及时排涝、除渍害。④配方施肥、科学管理，认真落实玉米高产配套栽培技术。⑤生理性或发生药害的田块，可喷施芸薹素或叶面肥，增强玉米抗逆性加速其恢复。⑥玉米心叶出现车鞭形地块，轻者会自然展开，重者可进行人工剥开，恢复正常生长，减少损失。

187．玉米苗期地下害虫如何防治？

玉米苗期地下害虫主要有蝼蛄、蛴螬、地老虎和金针虫等。它们危害特点各不相同：①蝼蛄危害后，被害部位呈现乱麻状。②蛴螬危害后，被害部位咬成孔洞、断口整齐。③地老虎主要从幼苗茎基部咬断折倒。④金针虫危害主要是吃掉胚乳，被害部位不完全咬断。目前，防治的药剂主要有辛硫磷、甲基环硫磷等，播前拌种或做成毒饵，防治效果好。

188．如何防治一代和二代玉米螟？

（1）危害症状　玉米螟虫（钻心虫）俗称箭杆虫，是玉米上发生较为普遍、危害较为严重的一种害虫。在玉米各个生育期都可以危害玉米植株的地上部分，取食叶片、果穗、雄穗，钻蛀茎秆，造成植物生长受害，减少养分、矿物质和水分向果穗输送，导致减产 10%～30%，对玉米生产威胁很大。初龄幼虫钻入，危害心叶，叶片展开后留下许多横排的小孔；大龄虫咬食花丝、茎秆、雄穗基部，还可以钻入穗轴中，随时出入咬食玉米籽粒。玉米螟以 4 龄以上幼虫在寄主植物茎秆、穗轴、根茎处越冬。

（2）防治措施　①生物防治。玉米螟的天敌种类很多，主要有寄生卵赤眼蜂、黑卵蜂，寄生幼虫的寄生蝇、白僵菌、细菌、病毒等。捕食性天敌有瓢虫、步行虫、草蛉等，都对虫口有一定的抑制作用。一是赤眼蜂灭卵。在玉米螟产卵始、初盛和盛期放玉米螟赤眼蜂或松毛虫赤眼蜂 3 次，每次放蜂 15 万～30 万头/公顷，设放蜂点 75～150 个/公顷。放蜂时蜂卡经变温锻炼后，夹在玉米植株下部第五或第六叶的叶腋处。二是利用白僵菌治螟。在心叶期，将每克含分生孢子 50 亿～100 亿的白僵菌拌炉渣颗粒 10～20 倍，撒入心叶丛中，每株 2 克；也可在春季越冬幼虫复苏后化蛹前，将剩余玉米秸秆堆放好，用土法生产的白僵菌粉按 100～150 克/立方米，分层喷洒在秸秆垛内进行封垛。三是利用苏云金杆菌治螟。苏云金杆菌变种、蜡螟变种、库尔斯塔克变种对玉米螟致病力很强，工业产品拌颗粒成每克含芽孢 1 亿～2 亿的颗粒剂，心叶末端撒入心叶丛中，每株 2 克；或用苏云金杆菌（Bt）菌粉 750 克/公顷稀释 2 000 倍液灌心，穗期防治可在雌穗花丝上滴灌苏云金杆菌（Bt）200～300 倍液。②化学防治。一是心叶期防治。在玉米心叶末期的喇叭口内投施药剂，仍是我国北方控制春玉米第一代和夏玉米第二代防治玉米螟最好的药剂防治方法。二是穗期防治。当预测穗期虫穗率达到 10% 或百穗花丝有虫 50 头时，在抽丝盛期应防治一次，若虫穗率超过30%，6～8 天后需再防治一次。③诱杀成虫。根据玉米螟成虫的趋光性，设置黑光灯可诱杀大量成虫。在越冬代成虫发生期，用诱芯剂量为 20 微克的亚洲玉米螟性诱剂，在麦田按照 15 个/公顷设置水盆诱捕器，可诱杀大量雄虫，显著减轻第一代的防治压力。

189．如何防治一代和二代黏虫？

玉米黏虫也叫行军虫，之所以有这个绰号是因为它具有多食、迁移以及暴发等特点，群集毁坏庄稼，危害性极大。黏虫发生时，会吃光玉米叶片，严重影响玉米产量。

（1）发生条件　玉米黏虫主要在夏季 6～8 月发生，适宜黏虫生长和繁殖温度在 19～23 ℃。夏季降水频发也是玉米黏虫容易暴发的时段，尤其是空气相对湿度在 50%～80%。

（2）防治方法　①农药。一经发现玉米上有黏虫应立即喷施 4.5% 的氯氟氰菊酯，用量为 40～50 毫升，兑水 30 千克喷施 1 亩地。或者是用 20% 的辛硫灭多威乳油，用量为 80～100 克，兑水 30 千克叶面喷施。建议 10 多天 1 次，连续2～3 次。②诱捕。玉米黏虫具有趋光性，可利用黑光灯（特制气体放电灯）进行诱杀。田间 100 多米放置一个，建议在 20:00 到次日 5:00 开灯杀虫。③其他。田间放置沾有糖醋液的稻草捆儿诱导成虫在上面产卵，最后烧毁，可降低黏虫繁殖数。糖醋液配制（酒：水：糖：醋＝1：2：3：4），并加入少量敌百虫搅拌均匀撒于稻草捆上，1 周更换 1 次稻草。

190．蓟马危害及防治措施有哪些？

玉米蓟马是玉米苗期的主要害虫，体型小，且活动危害部位隐蔽，不易被发现。它以成虫或若虫在玉米心叶内刺吸嫩叶汁液，破坏玉米生长点，往往使玉米叶片发黄失绿；重者使玉米心叶卷曲成"牛尾巴"状畸形生长，节间缩短，就是农民常说的"玉米拧芯"，严重影响玉米的正常生长。干旱对其发生有利，降雨对其发生和危害有直接的抑制作用。气温偏高，降水偏少，极有利于蓟马发生危害。

（1）防治措施　①铲除田间地头杂草并移出田外，有效降低虫口基数。②结合田间间苗、定苗时，拔除有虫苗，并带出田外销毁，可减少蓟马蔓延危害。

③加强管理，适时灌水施肥，改变玉米田间小气候，使其湿度加大，可有效地减轻蓟马危害。④对于已形成"牛尾巴"的玉米苗，从顶部掐掉一部分，或用锥子从鞭状叶基部扎入，从中间豁开促进心叶恢复正常生长。⑤药剂防治时，可选10％吡虫啉可湿性粉剂每亩15～20克；或亩用4.5％高效氯氰菊酯乳油30～50毫升；或40％氯虫·噻虫嗪水分散粒剂8～12克，兑水30～45千克，均匀喷雾。喷药时，注意喷施玉米心叶内和田间、地头杂草，还可兼治灰飞虱、黏虫等害虫。⑥蓟马昼伏夜出，尽量在早晨或傍晚用药效果较好。

191．危害玉米的杂草有哪些？

玉米田间杂草的种类很多，根据杂草的寿命、发生的季节和繁殖特点等，一般分为以下三个类型。①一年生杂草。常见的有一年生春性杂草，如稗草、蟋蟀草、马唐、千金子、枣草、狗尾草、荆三棱、辣蓼、藜、旋覆花、飞蓬、虎尾草、画眉草、小蓟、鬼针草、苍耳、一年蓬、醴肠、马齿苋、苋菜、地肤、龙葵、苘麻等；一年生越冬杂草，有看麦娘、早熟禾、棒头草、野燕麦、菵草、荠菜、碎米荠、婆婆纳、猪殃殃、苍耳、繁缕、漆姑草、梗枯草、野豌豆等。②二年生杂草。常见的有益母草、飞廉、香蒿、天仙子、茺草、狼尾草等。③多年生杂草。第一类，直根类杂草，如蒲公英、酸模、羊蹄等；第二类，须根类杂草，如车前草、毛茛等；第三类，根茎类杂草，如狗牙根、白茅、水苏、马兰、喜旱莲子草、小旋花、问荆等；第四类，根芽类杂草，如刺儿菜、田旋花、田蓟、苦菜、苦荬菜、苣荬菜等；第五类，匍匐茎类杂草，如结缕草、连钱草、蛇莓等；第六类，球茎类杂草，如香附子等；第七类，鳞茎类杂草，如胡葱、绵枣儿等；第八类，块茎类杂草，如半夏等。另外，还根据子叶类型分为单子叶杂草和双子叶杂草。这些分类是选择适宜除草剂的重要依据之一。

192．如何防治玉米田的杂草？

玉米苗期正是许多杂草发芽、生长的旺盛时期。杂草与玉米争夺水分、养分、光照和空间，影响玉米苗期的正常生长，甚至会造成严重减产。田间除草的方法有两种，一种是通过人工划锄的方式除草，同时可提高土壤的通透性，有抗旱防涝的作用，缺点是费工费时劳动效率低；另一种是采用化学药剂除草，化学药剂除草省工省时，除草效果好。但是，如果使用不当也会对玉米及其后茬作物造成危害。

采用化学除草，根据玉米田杂草的发生特点，建议采用："一封""二杀""三补"的原则进行，即在播后苗前封闭、幼苗期（春玉米5月下旬至6月上旬，夏玉米6月中下旬）、拔节期春玉米7月中旬，夏玉米7月下旬定向喷雾（玉米

1.5米左右）。

193．影响封闭除草效果的因素有哪些？

① 除草剂质量的原因。由于市场的激烈竞争，许多除草剂生产厂家采取了降低售价、广告轰炸的手段。售价的降低、电视广告巨额开支，加上厂家、经销商的"必得利润"，致使部分除草剂降低容量（350克减少到340克或300克）、降低含量（标示与实际不符，或者添加低成本的成分来"提高含量"）。例如，以前的除草剂是1瓶400克，1瓶打2亩地的效果很好；现在大多是1瓶350克或300克，就是1瓶打1亩地，有效药量也明显不足，其效果可想而知。②气候原因。用药期遇到持续大旱天气，空气非常干燥，玉米田地表很快形成干土层，使用封闭性除草剂时，不能形成有效药土层；或除草剂渗透的时间短，致使药剂在土壤中分布不匀，杂草无法或很少吸收到药剂；或药液很快蒸发掉而影响效果；同时，干旱也阻碍杂草对药剂吸收、输送、传导，使药效降低。施用除草剂后，突降暴雨或持续降雨，不仅破坏药液封闭层、使药液流失，导致杂草的幼芽和幼根吸收不到能够致死的药剂量，除草效果不佳，而且还会破坏耕层土壤、冲走表土，土壤中深处草籽能无阻拦出土。玉米生长期间雨水过多，会导致地势高的坡地水土流失到低洼地块淤积，淤积土壤中草籽由于没有除草剂封杀，所以能形成草害；而坡地中的深层草籽，由于表层土壤冲走、药液层破坏，无阻拦出土。玉米春天播种时，风比较大。在风天施药，药液被风刮走不仅减少土表药液量，而且加速药液的挥发而影响药效。③土壤墒情、有机质含量。土壤墒情好，杂草出土整齐，能较好地吸收除草剂而起到除草作用；反之，就会因挥发、光解、吸收少，而除草效果下降。土壤有机质含量高低，对土壤处理除草剂的除草效果影响较大，有机质含量低，用药量要求少；有机质含量高，就要求适当增加用药量，才能保证除草效果。④杂草种类与土壤封闭除草剂的有效期。牵牛花、鸭跖草等大粒种子杂草，乙草胺等酰胺类单质除草剂封闭效果不好；打碗花等多年生杂草土壤封闭除草剂混剂的封闭效果也不好。杂草种子在土壤中分布的深度不同，萌发的时间也不尽相同；同时，土壤封闭除草剂的有效期是45～60天，如果中后期降雨过多，土壤墒情好，一些土壤深层大粒种子杂草会突破失效的药土层生长，那么自然会出现"前期不长草，后期草满地"的情况。⑤整地质量。玉米田封闭性除草剂一般要求在地表形成湿润均匀药膜，所以喷施除草剂时，要求地表必须平整，不能有大的土块或凸凹不平，以免不能形成完整均匀的药膜，而影响除草效果。⑥药剂施用技术也是影响药效的原因之一。玉米田封闭性除草剂一般由2～3种单质除草剂混配而成，在瓶中放置一段时间后，会发生分层现象，上层为酰胺类除草剂，下层为莠去津，施用前要摇匀；但有些农户不看说明而分层

施用，导致药效不佳。机械喷洒除草剂由于单位面积用水量少或用药量少而影响除草效果。喷洒除草剂时做好记号，尽量避免重喷漏喷。⑦喷药时期。常用的玉米土壤封闭性除草剂在玉米播种后出苗前对地面进行喷雾，使地表面形成一层封闭药剂层，当地下杂草发芽时无论是幼根或幼芽只要一接触药层就会中毒死亡。有些农户在施药时已是"小草满地"或"大草满埂"，药液不仅喷洒不到土壤表面，而且土壤封闭型除草剂对1叶以上的单子叶杂草，3叶以上阔叶杂草也无效。总之，影响除草剂效果的因素很多，只有解决好这些问题，才能收到较好的除草效果。

194. 苗后除草的优点有哪些？应注意的问题有哪些？

（1）苗后除草优点　①对玉米安全。该类药剂按规定用量使用，只杀草，不伤苗。②除草效果好。能有效防除马唐、稗草、牛筋草、狗尾草、铁苋菜、马齿苋、藜类、蓼类、苍耳、龙葵等禾本科与阔叶类杂草，对自生麦苗有特效。

（2）应注意问题　①喷药时间。由于玉米苗后除草剂喷施后需要2～6个小时的吸收过程，使得药效发挥好不好（也就是除草效果是否理想）与气温和空气湿度关系十分密切。在气温高、天气旱的上午、中午或下午喷药，由于温度高、光照强，药液挥发快，喷药后一会儿药液就会蒸发，使除草剂进入杂草体内的量受到限制，吸收量明显不足，从而影响了除草效果；同时，在高温干旱时喷药，玉米苗也易发生药害。最佳喷药时间是18:00以后，因为这时喷药，施药后温度较低、湿度较大，药液在杂草叶面上呆的时间较长，杂草能充分地吸收除草剂成分，保证了除草效果；傍晚用药也可显著提高玉米苗安全性，不易发生药害。②喷药方法。亩用药量兑水15～30千克，见草喷药，喷仔细，没草就走，省药省时效果好。③看草大小。喷药在喷玉米苗后除草剂时，好多农民有个误区，认为杂草越小，抗性越小，草越易杀死。其实不然，因为草太小了，着药面积小，除草效果也不理想。最佳的草龄是2叶1心至4叶1心期，这时杂草有了一定的着药面积，杂草抗性也不大，除草效果显著。④玉米苗大小。玉米苗后除草剂最佳的喷药时间是玉米2～5叶期，此时玉米抗性高，不易出现药害。5叶前，可以整个田间喷雾；6叶后喷药，要放低喷头，围着玉米棵子喷，防止药液灌心引起药害（主要是不加安全剂的烟嘧磺隆，如果是安全性烟嘧磺隆精品大捷还可以全田喷雾）。⑤玉米品种。由于现在玉米苗后除草剂大多是烟嘧磺隆成分，一些玉米品种对本成分敏感，易发生药害；所以，种植甜玉米、糯玉米等品种的玉米田不能喷施，防止药害产生。对于新的玉米品种，请先试验再推广。⑥农药混用问题。喷苗后除草剂的前后7天，严禁喷施有机磷类杀虫剂，否则易发生药害；但可与菊酯类和氨基甲酸酯类杀虫剂混喷，喷药时要注意尽量避开心叶，防药液灌心。一些玉米田瑞典蝇和蓟马发生严重，防治这两种害虫可用吡虫啉或啶虫脒喷心叶，尽管吡虫啉或啶虫脒不是有机磷类，但是喷药时也不要和苗后除草剂混喷；因为防治两种小害虫需要喷心叶，如果混用喷心叶则易发生药害，可分开喷，即在前边喷苗后除草剂，后边紧跟着用吡虫啉或啶虫脒喷心叶。⑦杂草本身的抵抗力。由于近年来，杂草自身的抗逆能力得到加强，为了防止体内的水分过量蒸发，杂草生长得并不那么水灵粗壮，而是生长得灰白、矮小（实际草龄都并不小，即所谓的"小老头"），并且大都全身布满白色的小绒毛。这样喷施农药时，药液被这些小绒毛顶在杂草茎叶表面之上，杂草本身吸收得很少，自然就影响药效的发挥；所以高温干旱时不论施什么药，都应该加大喷施的药液量，以不影响药效的发挥，请农民朋友施药时千万不要惜水、不要惜药。

195． 目前使用的封闭除草剂和苗后除草剂的种类有哪些?

目前，市场的玉米田除草剂主要是以播后苗前土壤处理剂（土壤封闭）为主，其成分主要有乙草胺、甲草胺、莠去津、乙草胺·莠去津、异丙草胺·莠去津、丁草胺·莠去津、甲草胺·乙草胺·莠去津、丁草胺·异丙草胺·莠去津、乙草胺·莠去津·滴丁酯等多种，其成分构成主要以酰胺类除草剂和莠去津复配而成。这些土壤处理除草剂通过杂草幼芽、幼根被吸收，因此必须在杂草出土前或杂草早期1~3叶期以前使用，才能收到较好的除草效果。

在同等有效剂量下，除草剂混剂效果优于单剂，三元复配混剂效果优于二元复配混剂，各种混剂效果主要取决于酰胺类除草剂活性的高低。试验证明，在同等有效剂量下，该类除草剂除草活性比较结果为，乙草胺＞异丙甲草胺＞丙草胺＞丁草胺＞甲草胺＞异丙草胺；所以选择除草剂混剂应尽量使用排在前面的酰胺类除草剂，如甲草胺·乙草胺·莠去津、丁草胺·异丙草胺·莠去津、乙草胺·莠去津等混剂。

（1）玉米苗后除草剂主要单剂种类　①酰胺类除草剂。该类产品是目前玉米田最为重要的一类除草剂，可以被杂草芽吸收，在杂草发芽前进行土壤封闭处理，能有效防治一年生禾本科杂草和部分一年生阔叶杂草。该类除草剂品种较多，如乙草胺、甲草胺、丁草胺、异丙甲草胺、异丙草胺等。②三氮苯类除草剂。可以有效防治一年生阔叶杂草和一年生禾本科杂草，以被杂草根系吸收为主，也可以被杂草茎叶少量吸收。代表品种有莠去津、氰草津、西玛津、扑草津等。其中，以莠去津使用较多，对玉米较为安全，活性最高；但宜与乙草胺等混用以降低用量，提高除草效果和对后茬作物的安全性。③苯氧羧酸类除草剂。主要用于玉米苗后防治阔叶杂草和香附子。代表品种有 2 甲 4 氯钠盐、2,4-D 丁酯。其中，2 甲 4 氯钠盐广泛用于玉米田防治香附子，但使用时期若不当易产生药害。④磺酰脲类除草剂。烟嘧磺隆、砜嘧磺隆可以用于玉米田防治禾本科杂草、莎草科杂草和部分阔叶杂草；噻磺隆可以用于玉米田防治一年生阔叶杂草。⑤其他除草剂。百草枯和草甘膦是灭生性除草剂，可以在玉米40厘米高以后进行定向喷雾，有效防治多种杂草；也可以用使它隆、百草敌、溴苯腈、苯达松等品种防治玉米田阔叶杂草。

（2）玉米苗后除草剂混剂种类　①乙草胺和莠去津1∶1混剂。该类除草混剂最早生产的是乙阿合剂、乙莠悬浮剂，可以用于玉米播后芽前、玉米苗后早期防治一年生禾本科杂草和阔叶杂草，对玉米及后茬作物安全。相似的产品有丁草胺＋乙草胺＋莠去津、丁草胺＋莠去津、甲草胺＋乙草胺＋莠去津、异丙甲草胺＋莠去津、异丙草胺＋莠去津等。②乙草胺和莠去津2∶3混剂。这种除草混剂可用于玉米播后芽前、玉米苗后早期防治玉米田一年生禾本科杂草和阔叶杂草，对玉米安全；在特别干旱年份可能降低对后茬小麦的安全性。性能相似的品种有绿麦隆＋乙草胺＋莠去津混剂，可大大提高对后茬小麦的安全性，但不可以用于玉米苗后。③扑草津和莠去津混剂。可以有效防治玉米田一年生禾本科杂草和阔叶杂草。在玉米播后芽前施用除草效果稳定，受墒情影响程度较小，但雨水较大时，淋溶较多会降低除草效果；在玉米生长期施用，遇高温干旱等不良环境条件可以诱发玉米药害。④烟嘧磺隆和莠去津混剂。是一种理想的除草剂混剂，不仅可以有效防治多种一年生杂草，而且可以防治多年生禾本科杂草和莎草科杂草，施用方便，对玉米和后茬作物安全。但使用前后不能与有机磷类杀虫剂混合使用，可与菊酯类杀虫剂混用。⑤乙草胺、莠去津和百草枯混剂。兼有灭生性和封闭除草效果，在玉米生长期施用，可以有效防治玉米田多种杂草。类似的产品较多，也有以草甘膦替换百草枯的除草剂混剂。

196．如何正确掌握除草剂使用技术？

玉米田播后苗前封闭性除草剂的具体使用技术，要掌握好"早、湿、量、匀"这四点。①"早"是指用药要早。玉米播种后及时喷洒除草剂，此时地表墒情较足，可以适当减少药液用量，降低劳动强度；其次，土壤封闭性处理剂的作用是封闭杂草，用药尽可能要在杂草出土前；如果阔叶杂草超过3叶期、禾本科杂草超过1叶期，封闭性除草剂要加入百草枯、草甘膦等药剂，但除草成本增加，所以应尽早施药。②"湿"是指要保证用药前后的土壤湿度。在单位土地用药量一定的情况下，在一定范围内，药液用量越大，相对效果越好。在用药前浇水（或降雨），浇完地，只要是鞋子不沾泥，要立即用药，以保证药剂很快到达杂草的吸收部位。如果土壤过于干燥，亩药液用量可以达到75～80千克。③"量"是指适当的除草剂用量。播种机或其他机械喷雾，由于药液用量不能准确计算，应适当增加用药量。麦茬高、麦秸和麦灰多的地块，药液被麦茬、麦秸、麦灰吸附，减少了土壤表面的药液量，所以要适当增加用药量30％～50％（推荐量），并在喷药时增加兑水量；有机质含量高的地块，采用推荐用量的高限。④"匀"是指喷药技术要好，兑水量要足，喷药要均匀，喷药时要做好记号，避免重喷或漏喷；喷雾器雾化要好，喷药前，要做好施药机具的检修维护。喷洒封闭性除草剂时，可在施药时加入喷液量0.5％～1％的植物油或有机硅助剂，增加除草剂使用效果。在干旱条件下喷药，要在晴天8:00前或16:00后施药，最好夜间施药，避免在大风天。施药喷药前先兑好母液，然后在药箱中先加半药箱水，再把配好的母液加入药箱，搅拌均匀后把药箱加满水后方可喷洒。早春播前除草，由于气温低，除草剂使用量要适当增加，才能达到预期除草效果。

197. 玉米苗后除草剂该怎么用？常用苗后除草剂有哪些？

（1）喷药时间　由于玉米苗后除草剂喷施后需要2～6个小时的吸收过程，使得药效发挥好不好（也就是除草效果是否理想）与气温和空气湿度关系十分密切。

在气温高、天气旱的上午、中午或下午喷药，由于温度高、光照强，药液挥发快，喷药后一会儿药液就会蒸发，使除草剂进入杂草体内的量受到限制，吸收量明显不足，从而影响了除草效果；同时在高温干旱时喷药，玉米苗也易发生药害。

最佳喷药时间是6:00以后，因为这时喷药，施药后温度较低、湿度较大，且药液在杂草叶面上呆的时间较长，杂草能充分地吸收除草剂成分，保证了除草效果；傍晚用药也可显着提高玉米苗安全性，不易发生药害。

（2）喷药方法　亩用药量兑水15～30千克，施药时期掌握在玉米、杂草3～5叶期，采用茎叶喷雾。玉米5叶期以后，应压低喷头，定向或半定向喷雾，不能让药液在玉米小喇叭口内形成积累。

（3）苗后除草剂　玉米除草剂配方有多种，比如烟嘧磺隆、硝磺草酮、2,4-D丁酯、氯氟吡氧乙酸、麦草畏等，但常用的一般是前2种，也就是烟嘧磺隆、硝磺草酮；而在实际用药过程中，一般还会加入莠去津组成复配药剂，莠去津具有一定的封闭作用。一般常用的配方有3种：莠去津＋烟嘧磺隆、硝磺草酮＋莠去津、烟嘧磺隆＋莠去津＋硝磺草酮。

① 莠去津＋烟嘧磺隆。该配方使用时间比较长，市面上销售的，烟嘧含量一般是4％，莠去津含量有20％和30％2种，总含量为24％或34％。这个配方能防除大部分的玉米田杂草，比如马唐、苋菜、鸭跖草、稗草等，不过对于芦苇

效果一般。优点是价格便宜，一亩地也就是 4～5 块钱。缺点也很明显，一是死草慢，20 天之后才会看到效果；二是杂草对其抗性大，在一些区域，除草效果一般。

② 硝磺草酮＋莠去津。该配方常见含量为 55％（5％的硝磺草酮＋50％的莠去津）或 53％（15％硝磺草酮＋38％莠去津），对于大部分玉米田的阔叶草、尖叶草和莎草都能防除，芦苇效果一般。该配方优点是见效快，打后 7 天左右，基本就可以看到杂草死亡或开始死亡。缺点：一是价格较贵，零售价格在 8～10 元 1 亩地；二是使用技术不到位，杂草后期容易反弹。

③ 烟嘧磺隆＋硝磺草酮＋莠去津。该三元复配的药剂，这几年比较推崇，常见含量为 28％（2.5％烟嘧＋5.5％硝磺＋20％莠去津，或者是 3％烟嘧＋5％硝磺＋20％莠去津）。它结合了烟嘧和硝磺的特点，在除草谱上更加广泛，对于常见的芦苇，在 2～4 叶期时，防治效果也不错；再大的话，也有一些抑制作用，让其不再继续生长。在除草速度上面，基本也是 1 周左右的时间能见效。不过也有缺点，就是价格贵，零售一亩地大概要在 15～20 元，使用该药剂时，要考虑成本的问题。

198．玉米除草剂药害症状及注意事项有哪些？

（1）除草剂药害症状　①烟嘧磺隆。使用量大或重喷芯叶加上高温干旱天气最容易发生药害。受害后，首先玉米心叶变黄，然后扩展到整个叶片及其他叶片；玉米生长会受到抑制，植株矮化；也可能产生部分丛生、次生茎；轻者 1 周可恢复，重者严重抑制生长，难以恢复。②莠去津。用量过大或遇到高温天气下易产生药害。叶子顶端失绿，出现发黄或淡绿现象，生长缓慢，一般发生药害不严重，7～10 天可恢复。③硝磺草酮。其安全性高，对地里大草防治效果略好，受到部分农户的喜爱。因它安全性高可以全田喷雾，导致大家对除草剂安全意识防范的降低，但大剂量的使用加上高温天气依旧会发生药害。主要表现为玉米叶片白化（前期褪色但不干，区别于百草枯药害）影响光合作用；同时对玉米生长有较明显的抑制作用，且用量越大药害越严重。④二甲四氯。该除草剂对玉米地莎草及较大阔叶杂草有很好的防效，也常复配烟嘧磺隆使用，在市场上有一定的销量。此类除草剂属激素型除草剂，它们主要是诱导作物变畸形，根、茎、叶、花及穗均有明显的变形现象。玉米炎热天喷洒或使用量过大时，玉米叶片卷曲，叶片浓绿，心叶呈马鞭状或葱状，茎变扁而脆弱，易于折断，地上部产生短而粗的畸形支持根，主根短，生育受抑制；遇到阴雨高湿天气易倒伏；后期主要影响正在发育的气生根，根系缩小，影响玉米正常营养的吸收、对玉米穗也会有一定影响。

（2）注意事项 ①不能随意加大用药量。②其次避开高温施药，最好是在下午太阳落山气温相对凉爽时用药。③地不多时，尽量定向喷雾避开芯叶。④如果天气过于干旱，最好是浇一遍水，营造田间小气候环境，再喷药。⑤可以选择安全性高的除草剂，比如说当下流行的安全烟嘧，或加入安全剂喷雾。⑥已经发生药害的要及时解救，除草剂用量过大造成药害，应及时用清水喷淋，清除玉米叶面的残留药液，降低玉米体内除草剂浓度，减轻药害。⑦药害较轻时，对于叶片发黄、干枯，但心叶正常的玉米，可以喷施一些叶面肥或调节剂缓解药害，比如芸薹素内酯，后期加强玉米肥水管理，及时补救水肥，不至于造成大面积损失。⑧发现有玉米芯叶扭卷一起的，用手或坚硬物剖开。

第九章　玉米逆境管理

199. 玉米穗分化期（拔节期）遇到极端天气的后果有哪些？

玉米从拔节到抽穗，是营养生长和生殖生长并进的时期。一方面，根、茎、叶这些营养器官迅速长大；另一方面，雌穗、雄穗这些生殖器官也在逐渐形成。这一时期的雌、雄穗分化过程，是决定将来籽粒多少的第一个关键时期。生产上的要求是粒大粒多，粒大是由灌浆期决定的，而粒多就是由这一时期和将来的授粉情况决定的。温度、水分和光照对这一时期的穗分化有很大的影响。①温度。玉米穗分化时间长短，关键取决于温度的高低。温度升高，植株的生长加快，穗的分化期缩短。反之，如果温度降低，植株生长变慢，穗分化期相应延长。这一时期，日平均温度稍低，有利于增加小穗数，为将来的粒多粒大打好基础。但温度也不可过低，如早播春玉米，常会受到早春低温危害，使幼穗分化处于停滞状态。8叶时遇到低温，对玉米穗分化影响更大，因为这个时期正是雄穗花瓣器官形成的重要时期。如温度在10℃左右，会使雄穗花瘪，没有花粉；有的即使有花粉，也是空腔，无生命力。雌穗对低温更为敏感，当温度17℃时，雌穗分化停止，果穗尖端花丝顶部出现焦枯，不能受精。为此，春玉米在播期安排上，一定要避开穗分化期的低温冷害。②水分。土壤水分也是影响穗分化的主要因素之一。玉米苗期土壤水分不足，对籽粒产量影响不大。进入穗分化时期，叶面积急剧扩大，气温升高，蒸腾作用旺盛，耗水量不断增加。研究表明，玉米拔节到抽穗这一时期，土壤含水量应为田间持水量的70%。尤其在抽穗前10天左右，植株已进入需水临界期，这一时期是玉米一生中对水分要求最严的时期，这时缺水对产量影响最大，每株玉米一天就耗水1.5～3.5千克。此时肥水充足，有利于授粉结实和穗大粒多。如土壤干旱缺水，容易形成"卡脖旱"和花期不遇。因此，在雨水不足的地区。应根据情况及时浇水，以保证田间有一个适宜的土壤含水量。③光照。玉米是喜温的短日照作物，因此，提高温度、缩短日照时数都可以加快玉米的发育。一般说来，8～12小时的光照条件对玉米的加速发育比较适宜，有利于提早抽穗开花。光对玉米穗发育的影响，还表现在光照强度上。光照充足，叶片才能通过光合作用制造出较多的有机养料，及时输送给正在分化的雌、雄穗。如果光照不足，叶片制造的有机养料减少，必定使玉米穗部得不到充足的养分供应，从而抑制了穗的发育，导致玉米成熟期推迟、穗小、粒小、空秆株多。因此，生产上应注意植株的种植密度，保证正常的通风透光。

200．高温对玉米产生的影响有哪些？

玉米热害指标，以中度热害为准，苗期 36 ℃，生殖期 32 ℃，成熟期 28 ℃。开花期气温高于 32 ℃不利于授粉。以全生育期平均气温为准，轻度热害为 29 ℃，减产 11.9％；中度热害 33 ℃，减产 52.9％；严重热害 36 ℃，将造成绝产。最高气温 38～39 ℃造成高温热害，其时间越长受害越重，恢复越困难。

高温对玉米生长的影响：①对光合作用的影响。在高温条件下，光合蛋白酶的活性降低，叶绿体结构遭到破坏，引起气孔关闭，从而使光合作用减弱；另外，在高温条件下呼吸作用增强，消耗增多，干物质积累下降。38～39 ℃的高温胁迫时间越长，植株受害就越严重，恢复所用时间也越长。②缩短生育期。高温迫使玉米生育进程中各种生理生化反应加速，各个生育阶段缩短。如雌穗分化时间缩短，雌穗小花分化数量减少，果穗变小。在生育后期高温使玉米植株过早衰亡，或提前结束生育进程而进入成熟期，灌浆时间缩短，干物质积累量减少，千粒重、容重、产量和品质降低。③对雄穗和雌穗的伤害。在孕穗阶段与散粉过程中，高温都可能对玉米雄穗产生伤害。当气温持续高于 35 ℃时，不利于花粉形成，开花散粉受阻，表现在雄穗分枝变小、数量减少，小花退化，花药瘦瘪，花粉活力降低，受害的程度随温度升高和持续时间延长而加剧。当气温超过 38 ℃时，雄穗不能开花，散粉受阻。④高温还影响玉米雌穗的发育，致使雌穗各部位分化异常，延缓雌穗吐丝，造成雌雄不协调、授粉结实不良、籽粒瘦瘪。另外，高温易引发病害，并使产量和品质下降。

201．除了选育耐热品种，预防玉米高温热害的方法有哪些？

① 人工辅助授粉，提高结实率。在高温干旱期间，玉米的自然散粉、授粉和受精结实能力均有所下降。如果在开花散粉期遇到 38 ℃以上持续高温天气，建议采用人工辅助授粉，减轻高温对玉米授粉受精过程的影响，提高结实率。一般在 8:00～10:00 采集新鲜花粉，用自制授粉器给花丝授粉，花粉要随采随用。制种田采用该方法增产效果非常显著。②适当降低密度，采用宽窄行种植。在低密度条件下，个体间争夺水肥的矛盾较小，个体发育健壮，抵御高温伤害的能力较强，能够减轻高温热害；在高密度条件下，采用宽窄行种植有利于改善田间通

风透光条件、培育健壮植株，增加对高温伤害的抵御能力。③科学施肥。在肥料运筹上，增加有机肥使用量，重点普施基肥促早发，重视微量元素的施用。玉米出苗后早施苗肥促壮秆；大喇叭口期至抽雄前，主攻穗肥增大穗。另结合灌水，采用以水调肥的办法，加速肥效发挥，改善植株营养状况，增强抗旱能力。高温时期可采用叶面喷肥，既有利于降温增湿，又能补充玉米生长发育必需的水分及营养。④适期喷灌水。高温常伴随着干旱发生，高温期间提前喷灌水，可直接降低田间温度。同时，在灌水后玉米植株获得充足的水分，蒸腾作用增强，使冠层温度降低，从而有效降低高温胁迫程度，也可以部分减少高温引起的呼吸消耗，减免高温热害。有条件的可利用喷灌将水直接喷洒在叶片上，降温幅度可达1~3℃。

202. 玉米使用生长调节剂应注意的问题有哪些？

用吲哚乙酸和赤霉素混合浸种，有明显的增产效果；特别是在遭遇自然灾害或是遇到极端天气的情况下，浸泡了植物生长调节剂的玉米种子，在产量上会明显高于未使用植物生长调节剂的玉米。在玉米的抽丝期和灌浆期使用植物生长调节剂，能够增加玉米的结实率、增加千粒重、减少玉米秃尖、促进玉米灌浆、提早成熟等。赤霉素、增产灵、复硝酚钠溶液、石油助长剂等都可以达到减少秃尖、增加千粒重的目的。在玉米的拔节期或者是抽雄期用矮壮素，不但可以矮化玉米秸秆的高度、降低穗位，还可以减少秃尖和空秆的问题。玉米6~7叶期的时候，用增甘膦溶液来喷施玉米，可以矮壮秸秆、抗倒伏、减少秃尖。在玉米7~11叶期，使用乙烯利可以降低植株高度，促进早熟减少秃尖的作用。多效唑浸种或者是在5~6叶期喷施，都有防止弱苗易倒的作用。在使用植物生长调节剂的时候，一定要根据当地的自然条件来合理地使用。也要学会在不同的时期选择合适的植物生长调节剂，不要因为他们的效果很相似，就认为用法相同。

植物生长调节剂应注意问题：①植物生长调节剂不是万能的，也不可能代替营养，对其要有科学全面的认识。②植物生长调节剂的应用受到外界因素的影响，如光照、温度、湿度；也受内部因素的影响如植物种类、生长期、使用部位等。③植物生长调节剂不同的使用浓度，其效果也不一样，甚至会是相反的效果。④不同的植物使用不同的植物生长调节剂，根据收获植物的苗、叶、花、果实、种子、纤维、秸秆、根或茎等的不同，选择使用不同的植物生长调节剂。⑤植物生长调节剂的效果与其自身的纯度有关系，纯度不一样，其效果将会相差很大。⑥植物生长调节剂复配使用时，其效果优于单一使用。如复硝酚钠与α-萘乙酸钠复配使用、复硝酚钠与缩节胺复配使用等，其效果要比单独使用好得多。但并不是所有的植物生长调节剂都能复配使用，有的复配以后效果会降低，甚至会无效，因此，复配植物生长调节剂要做好前期试验。

203. 风灾对玉米的危害有哪些？

风灾是指大风对农业生产造成的直接危害和间接危害。直接危害主要指造成土壤风蚀沙化、对作物的机械损伤和生理危害，同时影响农事活动或破坏农业生产设施。间接危害指传播疾病和扩散污染物质等。对农业有害的风主要是台风、季节性大风（如寒潮性大风）、地方性局部大风和海潮风等。风力达到足以危害人们的生产活动、经济建设和日常生活的风，称为大风。根据大风对农业生产的影响，可归纳为机械损伤、风蚀、生理危害等几个方面。台风在大风危害中的破坏力最为突出。玉米是易受风灾的高秆作物，主要表现为倒伏和茎秆折断。受了风灾以后，玉米的光合作用下降，营养物质运输受阻，特别是中后期倒伏，使植株层叠铺倒，下层植株果穗灌浆进度缓慢，果穗霉变率增加，加上病虫鼠害，产量大幅度下降。大雨或风雨交加，常造成玉米大面积倒伏，土壤内水分饱和，影响叶片光合作用和根系呼吸。沙尘天气，因大风扬沙，造成幼苗被沙尘覆盖、叶片损伤等。风灾还造成土壤严重侵蚀，是形成土壤荒漠化的重要原因。

204. 影响玉米倒伏和倒折的因素有哪些？

一是天气原因造成的玉米倒伏，一般狂风暴雨或灌水后遇大风容易发生玉米根倒伏的情况；二是栽培因素造成的倒伏，如玉米的种植密度大、施肥不合理都会造成玉米倒伏，像茎倒伏就是这种原因造成的；三是品种自身原因导致的玉米倒伏，如玉米的植株过高、穗位过高、秆细秆弱，或次生根少等都是造成玉米倒伏的原因。

205. 如何防止和减轻玉米倒伏？

玉米出现倒伏是会严重影响产量的，补救是尽可能挽回损失的一种方法；但是如果补救方法不当，会对玉米造成伤根、断根、断秆、二次倒伏等二次伤害，往往会进一步加重损失，进行玉米倒伏补救还是需要方法的。一是当玉米遭遇强风、强降水发生倒伏后，地中都会存有大量的积水，湿度完全饱和，但玉米是一种既不耐旱又不耐涝的作物种类。当土壤湿度大于80％时，就会发育不良；当被积水浸泡3天以上，玉米就会窒息死亡。应该在雨水停止后，将田间的积水全部排出，以此来降低土壤湿度。二是玉米倒伏后，茎秆枝叶匍匐倒地，会大幅降低叶片的光合作用，及时进行速效叶面喷肥是减少损失的一种方法，一般可以在天气晴好时用尿素、磷酸二氢钾溶液喷施叶面，每隔7天喷施1次，连续喷施2~3次，促进玉米尽早成熟。三是如果是轻度倒伏的玉米，不需要人工进行扶直，可以在喷施叶面肥后由其自然恢复直立。如果此时人工干预下扶直，可能会伤根影响生长发育，甚至造成二次倒伏，所以只要喷施叶面肥就可以了。四是对于重度倒伏的玉米，最好是当天进行人工扶直，对于无法扶直的玉米可以使用木棍支撑穗部；如果倒伏3天及以上不可再进行扶直，以免再次造成玉米伤根、断根或茎秆折断。五是一般玉米在倒伏之后容易发生褐斑病、叶斑病等病害，应该及时喷洒药剂进行防治；对于茎秆折断的玉米要及时地清理出去，避免发生腐烂病。综上所述，在玉米发生倒伏后，主要是喷施叶面肥和清除折断的茎秆，针对不同的倒伏程度来确定是否需要人工的扶直。

206. 玉米倒伏种类及危害有哪些？

玉米倒伏是指玉米在连续降雨或灌水的情况下，土壤含水量达到饱和或过饱和状态，植株吸水量大、重量增加，在风的作用下，发生倾斜、茎折或根倒的现象。倾斜是指植株从中上部发生弯曲，属于轻微倒伏，对产量影响也较小。茎折是指植株从节或节间倒伏，分茎折断和茎未折断两种，茎折对玉米产量影响较大，严重可造成绝收。根倒是指玉米根露出地面，多发生在大风大雨后，这类倒伏可在雨后进行扶起培土，对产量影响较小。

玉米倒伏的时期多发生在7～8月。6月以前，玉米植株较矮，一般在1～1.5米，暴风雨发生的概率较小，很少发生倒伏。7～8月，玉米进入旺盛生长期，生长迅速、植株高大、茎秆脆弱、木质化程度低，而且暴风雨、龙卷风、冰雹等灾害性天气增多，是玉米倒伏的多发期。从立地条件看，高产地块较中低产地块容易发生倒伏，高水肥地块较一般水肥地块容易发生倒伏。玉米倒伏对产量影响很大，轻度倒伏减产10%～20%，中度倒伏减产30%～40%，严重倒伏的地块减产50%以上，甚至绝收。

207. 玉米倒伏原因有哪些？

玉米倒伏与品种、田间管理、气候条件有关。①不同的玉米品种抗倒伏的能力差别明显。植株过于高大、穗位高、秸秆较细、秆软、根系欠发达的品种抗倒伏的能力较差，这些品种就容易倒伏；反之，就不容易倒伏。②种植密度过大，容易引起倒伏。由于片面追求高密度增产，使得株行距过小，会引起植株拥挤、田间郁蔽光照不充足，茎秆徒长、节间细长、组织疏松、易引起茎倒或茎折。尤其是行距小于50厘米，亩密度大于5 000株的地块。③水肥管理不当是造成倒伏的主要栽培原因。拔节期水肥过猛，玉米生长偏旺、植株节间细长，机械组织不发达，易引起茎倒伏。抽雄前生长过旺，茎秆组织嫩弱，遇风即出现折断现象。偏施氮肥，少磷少钾；拔节期大量追施氮肥，基部节间过长，植株过高，茎叶生长过于旺盛，根系生长不良，容易发生倒伏。④土壤耕作不当及虫害导致倒伏。土壤耕作层浅、培土少、根系入土浅、气生根不发达等，浇水后遇风或风雨交加出现根倒；拔节期至抽雄期，玉米螟蛀茎危害茎秆也易引起茎折倒伏。⑤不良的气候导致倒伏。暴风雨、龙卷风、冰雹等灾害性天气是引起玉米倒伏的天气原因。

208. 如何预防玉米倒伏？

预防玉米倒伏的主要方法有：①选用抗倒品种。一个玉米品种是否容易发生倒伏，主要与该品种的植株特性有关。一般来讲，植株较高、穗位（着生果穗的节位距地面的高度）较高、茎秆纤细、根系发育不良的品种发生倒伏的概率比较大。植株较高的品种重心不稳，特别是穗位较高的；茎秆纤细的品种容易发生茎折；根系发育不良的品种则容易发生根倒。品种的抗倒能力只是相对而言，没有哪一个品种能够绝对抗倒。比较而然，选用茎粗、矮秆、抗倒、丰产性好的优良品种是防止玉米倒伏的主要措施之一，是玉米丰产丰收的保证。因此，要因地制宜地选择植株高度适中、茎秆粗壮、根系发达、耐水肥能力强、穗位较低抗倒伏能力强的品种。②合理密植，配方施肥。要依据品种特性和不同地力来确定相应的种植密度，根据土壤条件和品种自身要求，合理施用氮、磷、钾肥，并辅以微肥。种植形式采用宽行密株，行宽在 60 厘米以上，亩留苗 4 500 株左右。这样有利于通风透光，对防止玉米倒伏有一定作用。根据地力确定玉米目标产量，根据目标产量和土壤供肥量，合理施用氮、磷、钾、微肥，增施有机肥，实行平衡施肥。缺钾地区要特别注意增施钾肥，钾肥具有提高茎秆强度的作用。目前，生产上大量施用氮肥，提倡增施钾肥、氮钾配合施用，对于防止玉米植株倒伏具有重要意义。钾肥宜早施，在播种时作种肥或在出苗后作苗肥施用。施用量可根据土壤肥力等状况来确定，一般每亩可施用硫酸钾或氯化钾 10～20 千克。玉米生育期间追施氮肥，可以促进植株或果穗的发育，有利于提高籽粒产量。但追施氮肥时间不当则容易引起倒伏。拔节期玉米基部茎节开始快速伸长，此时如果再追施大量氮肥，则会加速基部茎节的伸长，使倒伏的风险加大。所以生产上一般不提倡在拔节期追施氮肥，在施用种肥或苗肥的前提下，氮肥可延迟到大喇叭口期再追施。这样既可促进果穗的发育，同时也会减轻倒伏的发生。③适当蹲苗。蹲苗的主要作用就是控制基部茎节的旺长、促进根系发育，从而减轻倒伏发生的概率。蹲苗应在苗期进行，但要在拔节开始时结束。蹲苗有控上促下、前控后促、控秆促穗的作用，但应根据苗情、墒情、地力等条件灵活掌握，原则上是"蹲黑不蹲黄、蹲肥不蹲瘦、蹲湿不蹲干"。蹲苗的措施主要有适度干旱、中耕断根等。④合理中耕培土。培土可以促进地上基部茎节气生根的发育，增强植株抗根倒的能力,是防止玉米倒伏的有效措施之一。培土可在拔节至封垄之前进行,中耕深度一般5~8厘米、净培土高度一般8~10厘米。⑤化控调节。具有抑制生长作用的一些化学调控剂可以用来控制玉米植株的高度,在某种程度上可以防止玉米的倒伏,如目前生产当中常用的金得乐、玉黄金、吨田宝等。化控技术属于一种"被动"措施,化控药剂的使用时期、浓度及喷施方式等一定要严格按照产品说明书要求进行,否则很容易出现药害。⑥及时防治病虫害。及时防治玉米螟、蚜虫、大斑病、小斑病等病虫害,尤其是玉米钻心虫,促使玉米生长健壮,增强抗逆性和抗倒伏能力。

209. 玉米倒伏后的补救措施有哪些?

玉米发生倒伏后,要根据不同情况采取不同的管理措施。①发生根倒的地块,在雨后应该尽快人工扶直植株,并进行培土,重新将植株固定。②发生弯倒的地块,要抖落植株上的雨水,以减轻植株压力,待天晴后让植株恢复直立生长。③发生茎倒的地块,要根据发生程度来区别对待,茎秆折断情况比较严重的地块,将玉米植株割除作为青饲料,然后再补种晚田作物;茎秆折断比例较少的地块,可将茎秆折断的植株尽早割除。

210. 雹灾对玉米的危害有哪些?

① 叶片撕裂。比黄豆粒大的冰雹就可使玉米的叶片撕裂;密集的冰雹可使玉米叶片呈斑点状或线状破损,像梳子梳理过一样撕裂。破损、撕裂严重者,可使叶片组织坏死、干枯,降低光合面积,影响玉米的正常生长发育。②新生叶片卷曲。玉米苗期遭冰雹后,幼苗顶尖未展开的幼叶组织受损死亡、干枯,使叶片不能正常展开,致使新生叶展开受阻、叶片卷曲成牛尾状。③易引发苗枯病。下冰雹后幼苗大部分叶片破损,光合面积减少,植株养分缺乏;同时根系长时间处在缺氧或半缺氧状态,不利于幼苗根系发育而造成植株抗病力下降,导致根系衰亡、靠近根茎部位的生长点变褐,最后幼苗枯死。④田间积水幼苗发育受阻。由于下冰雹时一般都伴有雷雨大风,造成幼苗倒伏、地面积水,倒伏的玉米苗多被泥水淹没,如果不能及时排水,幼苗将受涝害。一般情况下,从出苗到七叶期间,当土壤水分过多或积水,会使根部受害,甚至死亡。当土壤湿度占田间持水量的90%时,将形成苗期涝害。持续3天田间持水量达90%以上,玉米表现为叶片红、茎秆细、瘦弱,并生长停止;连续降雨大于5天,苗瘦弱、发黄或死亡。

211. 玉米雹灾发生后应采取的补救措施有哪些?

当发生雹灾后,要区分受灾时期、雹灾大小及受灾中心区与边缘区。通常小于 3 厘米的冰雹对玉米不会造成大的影响，3 厘米以上的才会较大危害。但即便是雹灾中心区，受到了较大雹灾危害，也要慎重毁种。对于苗期受灾的玉米，因受伤部位一般在生长点以上，灾后恢复能力强，多数情况下不必毁种；如果破损叶片影响了新叶长出，可人工挑开。拔节至孕穗期遇雹灾，只要生长点及以下茎未被破坏，也可通过加强管理获得较好收成。玉米抽雄后抗灾能力减弱，灾后恢复力差，此期穗位以上茎节被砸断或果穗被砸掉株比例很大时，建议收青贮；穗位以下茎和果穗多完好时，可保留；但应喷施杀菌剂防治穗腐、粒腐病。

212．涝害对玉米有何不良影响？

玉米发生涝害后，土壤通气性能差，根系无法进行呼吸，得不到生长和吸收肥水所需的能量；因此，生长缓慢，甚至完全停止生长。遇涝后，土壤养分有一部分会流失，有一部分经过反硝化作用还原为气态氮而跑入空气中，致使速效氮大大减少。受涝玉米叶片发黄，生长缓慢。另外，在受涝的土壤中，由于通气不良还会产生一些有毒物质，发生烂根现象。在发生涝害的同时，由于天气阴雨、光照不足、温度下降、湿度增大，常会加重草荒和病虫害蔓延。

213．如何减轻涝害对玉米植株的危害？

① 及时排除田间积水。根据积水情况和地势，采用排水机械和挖排水沟等办法，尽快把田间积水和耕层滞水排出去，减少田间积水时间。②及时整理田间植株。植株经过水淹和风吹，根系受到损伤，容易倒伏，排水后必须及时扶正、培直，并洗去表面的淤泥，以利进行光合作用，促进植株生长。③及时中耕松土。排水后土壤板结，通气不良，水、气、热状况严重失调，必须及早中耕，以破除板结、散墒通气、防止沤根；同时进行培土，防止倒伏。④及时增施速效肥。作物经过水淹，土壤养分大量流失，加上根系吸收能力衰弱，及时追肥对植株恢复生长和增加产量十分有利。在植株恢复生长前，以叶面喷肥（如 0.5%～1% 尿素溶液、0.2%～0.3% 磷酸二氢钾溶液）为主；植株恢复生长后，再进行根部施肥，每亩追施碳酸氢铵 10～15 千克以减轻涝灾损失。⑤及时防治病虫害。涝灾过后，田间温度高、湿度大，再加上作物生长衰弱，抗逆性降低，适于多种病虫害发生，要及时进行调查和防治，控制蔓延。⑥补种玉米，对受淹时间过长、缺苗严重的田块，灾后应及时重新播种或改种其他作物。

214．干旱对玉米有何不良影响？

苗期干旱，植株生长缓慢，叶片发黄，茎秆细小，即使后期雨水调和，也不能形成粗壮茎秆孕育大穗。喇叭口期干旱，雌穗发育缓慢，形成半截穗，穗上部退化。严重时，雌穗发育受阻，败育，形成空穗植株。抽雄前期干旱，雄穗抽出推迟，造成授粉不良，形成花籽粒。授粉期如果遇到干热天气，特别是连续35℃以上的干旱天气，造成花粉生命力下降，花丝老化加快，影响授粉，形成稀粒棒或空棒。外观上花丝不断渗出苞叶，形成长长的胡须。

215. 提高玉米抗旱力方法有哪些？

① 选用耐旱高产品种，提高玉米自身的抗旱能力。②适期播种，根据当地常年的天气变化特点适期播种，使玉米的需水高峰期与汛期吻合，以减轻干旱的影响。③高温干旱发生后，首先要采取一切措施、实施有效灌溉，尽量避免旱情扩大，及时进行灌溉，营造田间小气候，改善土壤墒情，这也是最有效的办法。④旱情发生后，如果不能进行有效地灌溉或者降水，可以对叶面喷施含腐殖酸类的抗旱剂，以降低玉米叶片的蒸腾作用。⑤旱情发生后可以喷施氨基酸混合液＋芸薹素内酯进行喷雾，每隔 7 天喷雾 1 次，2～3 次即可。叶面喷施氨基酸可以迅速补充玉米营养，促进玉米根系向土壤深处下扎，以吸收更多的水分和养分，减少玉米植株的失水。而芸薹素内酯可以促进玉米生长，提高玉米的抗逆性。⑥人工辅助授粉。在高温干旱期间，部分玉米抽雄困难，花粉自然散发、传粉能力下降，特别是异花授粉的玉米，可采用竹竿赶粉或采粉涂抹等人工辅助授粉法，使落在柱头上的花粉量增加，增加选择授粉、受精的机会，减少高温对结实率的影响，一般可增加结实率 5%～8%。人工授粉虽然可以提高产量，但是在如此高的温度下，并且密不透风的玉米地里极易发生中暑，因此，实施起来相当困难。

216. 低温冷害对玉米有何不良影响？

玉米原产于热带，是一种喜温作物，对温度要求较高。一些年份由于气温低，常使玉米产生低温冷害。播种至出苗遇有低温，出现出苗推迟、苗弱、瘦小、种子发芽率、发芽势降低等现象，且对植株功能叶片的生长有阻碍作用。4 叶期，植株明显矮小，表现生长延缓，光合作用强度、植株功能叶片的有效叶面积显著降低；4 叶期至吐丝期，低温持续时间长，株高、茎秆、叶面积及单株干物质重量受到影响。吐丝至成熟期，低温造成有效积温不够。灌浆期，低温使植株干物质积累速率减缓，灌浆速度下降，造成减产。

217. 什么时期发生低温冷害对玉米影响最大？

玉米能够生长的温度在 8～40 ℃，生长最适宜的温度为 30～32 ℃。如果遇到低温冷害，会严重影响植株的生长发育。低温冷害不同于冻害，它是 0 ℃以上低温造成的作物受害，因此，可以发生在作物生长的各个时期。试验表明，在玉米生长的每个时期中，只要当时的温度低于正常生长所需要的温度，即使是相差2～3 ℃，也会对玉米生长产生抑制作用。据有关资料得知，幼苗在夜间温度0 ℃、白天温度5 ℃条件下，根本不能生长；如果持续3～4个星期，幼苗会全株死亡。受低温冷害影响最大的还是雌、雄穗分化时期。当玉米长出4～8片叶时，如果遇到17 ℃以下的低温天气，雄穗发育就会停滞。尤其是8叶期，正是雄花形成的重要时期，对低温反应非常敏感。如温度低于17 ℃，小穗分化停滞；10 ℃左右时，已分化的花药表现干瘪，有的根本没有花粉，有的即使有也是空腔。与此同时，低温对雌穗的生长发育也要产生很大影响；17 ℃时，穗分化基本停滞，穗尖顶部的花丝焦枯，失去受精能力，使果穗变小。

218．如何防御玉米的低温冷害？

一是玉米品种间耐低温差异很大，应因地制宜选用适合当地的耐低温、高产、优质玉米良种。二是搞好品种区划，使各品种所需的积温和当地可能提供的积温相协调，避免盲目扩种晚熟品种，减少低温、冷害的发生。三是按照当地气候特点科学地确定播种期，适期早播。四是苗期施用磷肥能改善玉米生长环境，对缓减低温冷害有一定效果。还可用生物钾肥500克兑水250毫升拌种，稍加阴干后播种，能增强抗逆力。五是采用玉米覆盖地膜栽培法，避免低温危害。地膜覆盖可以提高地温，减少土壤水分蒸发，促进玉米生长，地膜最好使用光降解膜和生物降解膜。六是化学药剂处理。用0.02%～0.05%硫酸铜、氯化锌、钼酸铵等溶液浸种，可提高玉米种在低温下的发芽能力，并提前7天成熟，可减轻成熟期冷害。

219．盐碱对玉米有何不良影响？

玉米属于不耐盐碱的作物。当土壤含盐碱量超过0.2%～0.25%时，玉米就不能正常生长；表现为植株矮小，叶片暗绿，甚至叶片和幼苗枯死。一般说来，玉米发芽期具有较高的耐盐性，只要不是含盐量过高，对发芽率没有明显影响。出苗后，玉米的耐盐性减弱，土壤含盐碱量超过0.2%～0.25%时，很易受害。拔节后，耐盐性又逐渐增强，至生育盛期，耐盐程度可达0.25%～0.35%（土壤含盐量）。此时正处雨季，随着雨水对盐分的淋洗，可减轻玉米的受害程度。因此，盐碱地种植玉米，苗期管理是关键。

220．如何减轻盐碱对玉米的危害？

① 改良土壤，减少盐碱含量。搞好农田水利基本建设，长期采用综合耕作

方法，逐步改良土壤结构，降低土壤盐碱含量，是盐碱地发展玉米生产、提高玉米产量的根本举措。第一，要搞好农田灌溉排水系统，坚持灌水洗盐。这是改良盐碱地，降低土壤盐碱含量的根本办法。第二，要不断增施有机肥。因为有机肥能改良土壤结构，抑制水盐上升，长期坚持使用有机肥，能将轻度盐碱地改造成良田。第三，深耕有治盐改碱的明显效果。在秋季，对土地深耕、耕后不耙，形成粗糙疏松的覆盖层，不但可切断毛细管，减少水分蒸发，抑制土壤反盐；而且还可以把聚集在表土的盐分翻入深层，把含盐少的底土翻入表层，经过晒垡，促进有效养分的释放，有利于玉米种子发芽和苗期生长。②选用抗盐性品种。不同品种的抗盐性是有差别的。在土壤含盐高的地区进行品种抗盐性比较试验，以选择出适宜当地种植抗盐性较强的品种。③提高播种质量，确保一播全苗。盐碱地玉米要适时晚播，并增大播种量。一般比普通土壤晚播 7～10 天，以便使种子在较高的温度下快速发芽，缩短盐害时间。由于盐碱地出苗困难，播种量可增加20%～30%。另外，如果墒情较好，也可种前浸种催芽，使种子吸足水后播种。播种时为避开盐害，可采用深沟浅盖法播种，先开沟 10～15 厘米，把含盐高的表土翻到两侧，再将种子播在沟底，并覆土 5～6 厘米。这样沟里的盐分可向垄背聚集，从而减轻盐分对种子和幼苗的危害。④采用合理的田间管理措施，降低盐分危害。盐碱地玉米死苗较多。因此，要分期间苗和晚定苗。如苗期反盐现象严重，可灌 1～2 次水进行压盐，灌水量要大，尽量把上部的盐分冲洗到下层随水排走。苗期要勤中耕松土，切断毛细管，阻止盐分上升，并能提高地温，促进玉米生长。中耕的作用可用一句形象的农谚来概括："勤中耕，不反碱；深中耕，地不板；雨后中耕能防盐"。

221. 盐碱地种植玉米的施肥方法有哪些?

一是改土，建议采用掺沙改土，每亩地加沙 300～400 立方米；二是施用农家肥，亩用 2 000 千克以上，连年施用，改良土壤，培肥地力。尽量不用化肥，必需使用化肥时，要选用酸性肥料，如硫酸铵、硫酸钾、过磷酸钙等中和碱性，不宜施用氯化钾，因它会加重碱性。在盐碱地给玉米施肥，氮肥以硫酸铵为宜；磷肥以过磷酸钙为宜，不要用矿渣磷肥；钾肥以硫酸钾为宜，不要用氯化钾。后期追施水溶肥，这种肥有较全的养分配方；或者在结穗期喷施叶面肥，每隔半个月喷 1 次。

222. 早霜对玉米有何影响? 如何预防?

玉米等作物在成熟期的时候，对于温度的变化非常敏感，尤其是对于低温，感应更是十分明显。早霜冻对玉米的威胁较大。21：00 时，当露点温度 2 ℃以下时，一般就会在次日凌晨发生霜冻，应做好准备，采取措施。玉米的成熟期分为3个阶段：乳熟期、蜡熟期、完熟期。当玉米处于完熟期的时候，就算出现严重霜冻，但玉米已经充分灌浆，所以产量损失也不会很大。但是如果在乳熟期、蜡熟期的话，一旦出现霜冻情况，哪怕是轻微的霜冻，都会引起玉米的叶片受害、茎秆受冻，导致玉米的光合作用速率降低，根系向上部运输养分受阻，玉米灌浆停止，导致产量下降。如果霜冻比较厉害的话，那么玉米茎秆受损严重，出现烂秆情况，还会引起倒伏发生，同样对玉米产量来说也是巨大的损失。如果出现早霜风险的话，要提前进行预防。①及时站秆扒皮晾晒。在玉米蜡熟后期，扒皮晾晒 15～20 天，含水量可降低 14％～18％，早熟 5～7 天，可使玉米增产 5％左右。该措施可加快脱水，提早成熟，躲过霜期，改善品质。扒皮晾晒的时间性很强，要抓住时机，既不能过早，也不能过晚；过早影响灌浆，降低产量，过晚失去晾晒的意义，扒皮晾晒的最佳时间是在蜡熟后期。②打掉玉米底叶，去除空秆小株和无效穗。拔掉不实的植株，使有限的养分集中供应给正常的植株。玉米后期底部叶片老化、枯黄，已失去功能作用，要及时打掉，增加田间通风透光、减轻病害侵染和减少养分消耗，提高产量和品质。去掉无效果穗、小穗或瞎果穗，减少水分和养分消耗，以保证主穗籽粒饱满，提高产量。③适时晚收。玉米后熟性较强，收获后植株体内还有一些营养可进入果实之中。因此，在收获时间上一定要适时晚收。收获前要注意天气预报，在下霜前 2 天把玉米割倒，集中放成"铺子"进行后熟，提高玉米产量及质量。

第十章　特用型玉米

223．什么是特用型玉米？特用型玉米分哪几种？

特用型玉米是相对普通玉米而言。包括甜玉米、糯玉米、爆裂玉米、高油玉米、高蛋白玉米、高淀粉玉米、笋玉米等。这些特用型玉米有从颜色上划分出的黑、花、白、红等，显示它们的与众不同；也有从用途划分，如鲜食型、食用型、加工型、饲用型等，显示它们的差异。还有把甜玉米、糯玉米、爆裂玉米、笋玉米等称作特用玉米；把高油玉米、高蛋白玉米、高淀粉玉米、青贮玉米称作优质专用玉米。

224．什么是高赖氨酸玉米？

高赖氨酸玉米也称优质蛋白玉米，即玉米籽粒中赖氨酸含量在 0.4％以上，普通玉米的赖氨酸含量一般在 0.2％左右。赖氨酸是人体及其他动物体所必需的氨基酸类型，在食品或饲料中欠缺这些氨基酸就会因营养缺乏而造成严重后果。高赖氨酸玉米食用的营养价值很高，相当于脱脂奶。用于饲料养猪，猪的日增重较普通玉米提高 50％～110％，喂鸡也有类似的效果。随着高产优质蛋白玉米品种的涌现，高赖氨酸玉米发展前景极为广阔。

225．怎样种植高赖氨酸玉米？

高赖氨酸玉米不仅赖氨酸含量高，营养丰富；而且口感好，吃起来感觉鲜、甜、香。①选地防止串粉。为了保证高赖氨酸玉米的特性，生产上大面积种植时，需要和普通玉米有一定的隔离区（200 米以上），避免串粉。②科学施肥。目前，生产上推广的高赖氨酸玉米籽粒灌浆期偏短，影响粒重提高。在施肥上，要注意基肥中增施磷肥、巧施穗肥。抽雄前后，可每公顷追施尿素 150～225 千克，以保证开花后的植株不早衰，增加粒重，确保高产。③合理密植。每个品种的适宜种植密度，因气候、土质、生产条件等存在差异。一般以每公顷 6 万株为宜。④适时收获、及时晾晒。高赖氨酸玉米的收获期不宜太迟，正常情况下，苞叶变黄就是成熟的标志；也有的品种苞叶还青绿时就已成熟，籽粒的干物质不再增加。高赖氨酸玉米成熟后，籽粒的脱水速度较慢，含水量比普通玉米高，收获后要及时晾晒。

226．什么是甜玉米？甜玉米如何分类？

甜玉米又称蔬菜玉米，既可以煮熟后直接食用，又可以制成各种风味的罐头、加工食品和冷冻食品。顾名思义，甜玉米的最大特点就是一个"甜"字，甜玉米之所以甜，是因为玉米含糖量高。其籽粒含糖量于不同时期而不同，在适宜采收期内，蔗糖含量是普通玉米的2~10倍。由于遗传因素不同，甜玉米又可分为普甜玉米、加强甜玉米和超甜玉米3类。

普甜玉米也叫普通甜玉米，主要特点是它的籽粒中含有很多淀粉，甜度适中，水溶糖甜度大致为7%~9%；它的种皮柔软而薄，口感细腻、爽滑，有明显的甜玉米清香味道。普甜玉米在采收期间糖分转化很快，采收期推迟2~3天，甜度就下降很多。采收后必须马上加工或者食用，否则，含糖量降低很快，口感和清香味道也有明显改变。

加强甜玉米是由多基因作用的甜玉米类型。甜度介于普甜玉米和超甜玉米之间，口感和味道要略好于普甜玉米。采收期略长于普甜玉米。

超甜玉米的甜度相对普甜玉米而言要明显高出很多，甜度可高达11%~15%，而且，这些糖分转化很慢，采收期间，籽粒含糖峰值维持时间较长，一般情况下，推迟采收期5~7天时间，籽粒含糖量仅下降15%~20%；采收后室温存放，籽粒含糖量下降的也较慢，存放3~5天时间，仅下降7%~12%。因此，给甜玉米鲜穗上市销售和生产加工，均带来极大的便利。

227．甜玉米的种植和收获应注意的问题有哪些？

甜玉米是玉米的一种突变类型，既具有与普通玉米相同的生物学特征，又具有一些特性。为保证其固有品质和特种用途的需要，在栽培技术上应注意一些问题。①合理选择地块。选择耕层深厚、土质肥沃、有机质含量丰富、保水肥能力强的中性或弱酸性壤土、沙壤土地块种植，需有排灌条件。②严格隔离。因为控制甜玉米的基因是隐性的，一旦发生不同类型的花粉串粉，籽粒就变成普通型，食而不甜。采用空间隔离，要与其他玉米品种种植区相隔300米以上。采用时间隔离，提前或推后特用玉米播期，使其扬花授粉期与大田玉米错开。春播的间隔30天，夏播的间隔20天，还可用大棚温室进行隔离反季节种植，效益十分显著。③适时播种。甜玉米种子含淀粉少、发芽率低、顶土能力极差，播种需适时适墒。春播气温稳定在 12 ℃时，为适宜播种期。覆土一定要浅，不宜超过 3.3 厘米。根据以鲜穗供应市场和加工的特点，需采用地膜覆盖、品种搭配等手段分期播种，延长采收期。移苗补缺要在 3 叶期前进行。春播采用地膜覆盖提前10～15 天播种，或育苗移栽，争取早上市。夏玉米抢时间早播。④适当密植。应根据品种熟期和用途不同而确定适宜种植密度，也可根据土壤肥力程度和品种自身特性来确定，株型紧凑、早熟矮秆宜密植；株型平展、晚熟高秆宜稀植；肥水条件应遵循"肥地水分足宜密，瘦地水分不足宜稀"的原则。⑤加强田间管理。出苗后及时查苗补苗，4～5 叶期间苗，6～7 叶期定苗，抽雄至灌浆期要保证水分供应，及时灌溉；授粉灌浆期，叶面喷施磷酸二氢钾溶液；授粉结束后，剪掉全部雄穗，同时注意防止病虫害，防治方法同普通玉米。黏甜类玉米易遭受蚜虫、玉米螟危害，应重点防治。蚜虫虫量少时，以人工防除为主，采取隔行去雄的办法，能明显减少虫口数量；虫害严重时，用菊酯类农药或 Bt 乳剂等生物农药防治，禁用乐果等高毒农药。为提高结实率，可进行人工辅助授粉。⑥施肥。施肥以氮肥为主，增施有机肥、磷钾肥，有利于提高产品品质。在饱施基肥的基础上，春玉米拔节期、灌浆期分别追施速效氮肥，夏玉米大喇叭口期重施追肥。

甜玉米必须在乳熟期（最佳采收期）收获并及时上市才有商品价值。春播甜玉米采收期处在高温季节，适宜采收期较短，一般在吐丝后 18～20 天。秋播甜玉米采收期处在秋冬凉爽季节，适宜采收期略长，一般在吐丝后 20～25 天。不同品种、不同季节的最佳采收期有所不同。收获标准为，甜玉米果穗苞叶青绿，包裹较紧，花丝枯萎转至深褐色，籽粒体积膨大至最大值，色泽鲜艳，挤压籽粒有乳浆流出。采收时间宜在早上（9:00 前）或傍晚（16:00 后）进行；秋季冷凉季节采收时间可适当放宽，以防止果穗在高温下暴晒、水分蒸发，影响甜玉米品质保鲜。甜玉米采收后当天销售最佳，有冷藏条件时可存放 3～5 天。高温会加速甜玉米品质下降。果穗采摘后堆放易发热变质，适宜摊放在阴凉通风处。夏天应用冷藏车或加冰运输方式，以保持鲜穗品质。

228．什么是高油玉米？

籽粒含油量超过 8% 的玉米类型。由于玉米油主要存在于胚内，直观上看高油玉米都有较大的胚。玉米油的主要成分是脂肪酸，尤其是油酸、亚油酸的含量较高，是人体维持健康所必需的。玉米油富含维生素 F、维生素 A、维生素 E 和卵磷脂，经常食用可减少人体胆固醇含量，增强肌肉和心血管的机能，增强人体肌肉代谢，提高对传染病的抵抗能力。因此，人们称之为健康营养油。玉米油在发达国家中已成为重要的食用油源，如在美国，玉米油占食用油 8%。普通玉米的含油量为 4%～5%。研究发现随着含油量的提高，籽粒蛋白质含量也相应提高，因此，高油玉米同时也改善了蛋白品质。

229．高油玉米的种植特点有哪些？

① 选用优良杂交种。正确选用优良杂交种是实现高油玉米优质高产的重要措施。要选用纯度高的一代杂交种，不要使用混杂退化种和越代种。同时，由于含油量与籽粒产量有一定的负相关，要注意选用稳产含油适度的优质杂交种。目前，我国通过国家或省级审定的高油玉米杂交种有农大高油 1 号、农大高油 6 号、高油 115、吉油 2 号、春油 1 号、春油 3 号等，含油量都超过 8%，产量均与常规对照种接近或略高，是种植的首选品种；尤其是高油 115，更是代表了我国高油玉米育种的成就。②适期早播。高油玉米生育期较长，籽粒灌浆较慢，中后期温度偏低，不利于高油玉米正常成熟，影响产量和品质。适期早播是延长生育期，实现优质高产的关键措施之一。③合理密植，适时定苗。高油玉米一般适宜密度范围为 6 万～6.75 万株/公顷。为了保证适宜的密度范围，播种时应足量下种，一般应确保出苗数是适宜密度的 2 倍。出苗后要适时定苗，一般 3～4 叶期间苗，5 叶期定苗。间苗时，留苗至适宜密度的 1.3～1.5 倍。间定苗的原则是去弱留强。如果苗期有病虫害发生，间定苗时间应适当推迟。④科学施肥。为使植株生长健壮，提高粒重和含油量，应注重 N、P、K 肥的配合，增施 N、P、K 肥。一般每公顷施有机肥 1.5 万～3 万千克、五氧化二磷 120 千克、氮素120～150 千克、硫酸锌 15～30 千克。苗期追施氮肥 30～45 千克，拔节后 5～7 天重施穗肥，每公顷施氮肥 150～180 千克。⑤化学调控。高油玉米植株偏高，通常高达 2.5～2.8 米，控高防倒是种植高油玉米高产成败的关键措施之一。在大喇叭口期，每公顷施玉米健壮素 450 毫升或用新型生长调节剂维他灵 15 支喷施。

230．利用普通杂交种与高油玉米间混作生产商品高油玉米，应注意的问题有哪些？

利用高油玉米为父本，对普通玉米授粉，通过花粉直感效应即可获得商品高油玉米。利用高油花粉生产高油玉米，可提高普通玉米籽粒含油量，普通玉米授之以高油花粉，避免了自交，从而可提高粒重及产量，而且可利用其雄性不育的特点，免除去雄的环节。在利用普通杂交种生产高油玉米时，要把握住几个要点：①普通杂交种与高油杂交种花期相同，如果花期差异较大，应采取错期播种或其他方法使之相似，以保证普通杂交种花丝具有生活力时能遇到花粉。②普通杂交种与高油杂交种比例适宜，当高油杂交种花粉较量大，比例可适当加大，否则宜小，以保证有足够的花粉。③应用雄性可育普通玉米杂交种生产高油玉米时，应及时去雄，以确保高油花粉与之杂交。④利用不育普通玉米时，如果其与高油玉米花期相同、不需错期播种时,可采取间作的种植方式,即普通玉米和高油玉米按预定比例播在不同的行中;也可以混种,既把两类种子掺到一起播种,混种使两类植株在田间分布更为均匀,因此,授粉结实更好。但当利用的不育普通玉米与高油玉米花期不一致,需调整花期或利用可育普通玉米需要去雄作业,以间作方式为好,便于田间作业。

231. 什么是高淀粉玉米?

是指玉米籽粒粗淀粉含量达 72％以上的专用型玉米（NY/T 597—2002），以加工淀粉为主要目的。玉米淀粉是各种作物中化学成分最佳的淀粉之一,有纯度高、提取率高的特点,广泛用于食品、医药、纺织、造纸、化工等行业 500 多种产品,产品附加值超过玉米原值几十倍。根据《玉米》（GB 1353—1999）规定,高淀粉玉米分为 3 个等级,分别为一等粗淀粉含量（干基）>76％、二等粗淀粉含量>74％,三等粗淀粉含量>72％,而普通玉米的粗淀粉含量多在60％~71％。根据玉米籽粒中所含淀粉的比例和结构,分为高支链淀粉玉米、高直链淀粉玉米和混合型高淀粉玉米三种类型。胚乳中直链淀粉含量在 50％以上的玉米叫高直链淀粉玉米;将胚乳中支链淀粉含量占总淀粉的 95％以上的玉米叫做高支链淀粉玉米（或糯玉米、蜡质玉米）。

232. 什么是糯玉米?

糯玉米是玉米大家庭中的一种类型。糯玉米籽粒不透明,种皮无光泽,外观呈蜡质状,故又称蜡质玉米;在北方叫"黏玉米",最突出的特点是"黏"。糯玉米起源于中国,最初是在我国的西南地区被发现的;它是由当地种植的硬粒型玉米发生基因突变,经过人工选择而保存下来的一种新类型,有"中国蜡质种"之称。糯玉米从用途上分,有加工型和鲜食型二种。加工型是指用于工业加工的糯玉米品种,是一种用来提取籽粒中的支链淀粉或加工其他特殊产品的糯玉米品种。一般来说,加工型的糯玉米果穗比较大、籽粒产量高,但口感差。而鲜食型糯玉米,一般果穗稍小些,穗型好、籽粒排列整齐、有鲜艳的颜色和光泽、种皮较薄、糯性和口感好,最适宜鲜食。从糯玉米的颜色上划分,有黄、白、红、紫、黑紫色,也有红、黄、白相间的花糯玉米品种。

233. 糯玉米种植应注意的问题有哪些?

① 在良种选用方面。应选用适合本地自然条件和栽培条件的杂交品种为好,品种类型上要根据市场需要种植,应注意早、中、晚熟品种的种植搭配,延长上市供给时间,满足市场及加工厂需求。②与普通糯玉米必须隔离种植。当糯玉米

与普通玉米杂交时，会串粉致使糯玉米所结的种子失去糯性，降低商品价值。因此，种植糯玉米必须和其他玉米隔离种植，一般应保持 200 米以上的距离。另一种方法就是与其他玉米分期播种，玉米开花期要相隔 15 天以上。③合理密植。早熟糯玉米尤其植株矮小，每亩应在 4 000 株左右；中熟品种应在 3 500 株左右；晚熟品种应在 3 200 株左右为宜。④适当科学施肥。糯玉米施肥技术应注重增施有机肥，均衡氮磷钾肥的施入，追肥应以速效氮钾追肥为主。糯玉米与普通玉米比，千粒重较低，前期长势不如普通玉米强，但成熟期要比普通玉米要早；在施肥上要注重幼苗期、生长中期的肥料施入，以免后期肥料施入过多，影响品质。糯玉米在生长中期要及时去除多余雌穗，确保 1～2 个果穗正常生长。⑤适时采收。春播糯玉米采收期一般以授粉后 26～28 天为宜。过早、过迟采收都不利于糯玉米的最佳商品价值，过早采收，籽粒糯性不强，口感不好；过迟采收缺乏鲜香甜味。

234．什么是爆裂玉米？

爆裂玉米是一种用于爆制玉米花的玉米类型，起源于美国。果穗和籽实均较小，籽粒几乎全为角质淀粉，质地坚硬；粒色白、黄、紫或有红色斑纹；有麦粒型和珍珠型两种。籽粒淀粉粒内的水分遇高温而爆裂，能爆裂成大于原体积几十倍的爆米花。爆裂玉米籽粒的含水量决定它的膨爆质量。优质爆裂玉米籽粒膨爆率达 99%。籽粒太湿（含水量为 16%～20%）或太干（8%～10%），不能很好地充分膨爆。公认的标准是籽粒含水量 13.5%～14.0% 最为适宜；膨爆时，爆炸声清脆响亮、爆花系数大、爆出的玉米花花絮洁白、膨松多孔。若含水率过高，会导致爆裂预热期长、膨爆声急促刺耳、爆花系数小。

235．爆裂玉米种植应注意问题有哪些？

①品种选择。爆裂玉米品种类型有常规种和杂交种两种。常规种表现产量低，每公顷产量 2 250～4 000 千克，膨爆率低，一般为 85%～90%；杂交品种产量高，每公顷产量 3 750～5 250 千克，膨爆率可高达 99%。所以选择纯度高的杂交种，品质好、产量高。②选地隔离。爆裂玉米籽粒小，发芽势弱。应选择土壤肥沃、排灌方便、质地沙壤、墒情好的地块种植。播种深度 3～4 厘米，出苗率高。因与其他大田玉米品质不同，为了保证爆裂率，必须隔离种植，集中连片。与其他不同品种玉米隔离区为 200 米以上。③合理密植。爆裂玉米株型清秀紧凑，棒子细，籽粒小，单株产量低，合理密植产量高。每公顷保苗 9 万～12 万株。④错期播种。爆裂玉米一般雄穗发育快，雌穗发育慢，苞叶紧。分期播种有利于授粉，防止秃尖。一般先隔行播种，5 天后再在空行中播种。⑤促苗早

管。早定苗、早中耕、早除草、早防虫，达到壮苗早发目的。⑥合理施肥。要施足基肥，分期追肥。犁地前，每公顷施有机肥 75 吨；播种时，每公顷施磷酸二铵 150 千克；大喇叭口期，每公顷施尿素 350 千克。⑦适期晚收。爆裂玉米灌浆成熟速度慢，应充分成熟后方可收获。

236. 什么是黑玉米？

现已发现，玉米有黄、白、红、蓝、紫、黑六大色系。黑玉米是指玉米色泽为蓝色、紫色、乌色、黑色的、具有特殊用途的各类玉米的总称，如黑甜玉米、黑糯玉米、黑爆玉米等。黑玉米的概念是相对于黄玉米、白玉米而言的。它们在种质、生物学性状、栽培管理等方面与普通玉米差别不太大，重要的是在营养、功能、保健及其加工利用方面，存在着独特之处。它们超出或有别于普通玉米所谓的食用、饲用和工业用粮的一般概念，是普通色泽玉米在实用意义上的延伸，在特殊用途上的深化。

237. 黑玉米种植应注意的问题有哪些？

① 茬口安排与品种选择。确定茬口、选择品种，首先要依据当地气候特点与预计上市时间，其次要依据加工能力与市场需求。生产上常用的黑玉米品种主要有意大利黑玉米、秘鲁黑玉米、韩国紫金香黑玉米、靠山黑玉米等。②隔离种植。黑玉米要隔离种植以免串粉，影响品质和着色。隔离方法有两种：一是距离隔离法，在种植黑玉米的田块周围 350～400 米范围内无其他玉米；二是时间隔离法，在播种黑玉米前后 20 天不播种其他玉米品种，错开玉米开花授粉时间，以防止串粉。③种子处理。黑玉米种子小、不饱满，储存的养分少。播种前，进行晒种、温汤浸种和药剂拌种。在播种前 7 天左右进行晒种，将种子按大小分开；用 0.2%～0.4% 的磷酸二氢钾溶液浸种 12 小时，捞出沥干水分，放在温度为 30 ℃的地方催芽，有 70%～80% 种子露白时播种。④精细整地，合理密植。黑玉米发芽和拱土能力较弱，要选择土壤肥力好、酸碱度适中、灌排水方便、底墒足的地块种植。要精细整地，浅播细播，深度一般以 4 厘米为宜。黑玉米的种植密度要根据品种特性、土壤肥力、播期早晚、种植方式及市场需求而定。⑤田间管理。在 3～4 叶期间苗和移苗补栽，移苗时要带土，栽后即浇水，最好在傍晚或阴天进行。5 叶期时每穴定苗 1 株，并结合追肥中耕除草，苗期松土，拔节期至大喇叭口期前培土。合理排灌，苗期土壤水分在田间最大持水量的 50%～60% 时，可不灌水；拔节以后土壤水分应保持在田间最大持水量的 70%。黑玉米多具分蘖、分枝特性，为保证果穗产量和等级，应及早除蘖打杈，尽量避免损伤主茎及叶片，分别在拔节期、抽穗扬花期与灌浆期各追肥 1 次。⑥人工授粉。

由于黑玉米密度较大，叶片互相荫蔽，授粉不良，易出现稀粒秃顶；因此，必须在开花期人工采集花粉授到果穗上，边采边授，每天 10:00～11:00 进行，连续授粉 3～5 天。⑦病虫害防治。在实施农业综合防治措施的基础上，使用相应农药，但应注意不使用残留量大、残留期长的农药，并在上市前 20 天停止使用，以防食用鲜穗后发生残留农药中毒事件。玉米螟对黑玉米有较大危害，不仅影响产量，同时影响果穗美观和商品等级；应在采用轮作倒茬、清除田间玉米秸秆等基础上，采用药剂防治。最好是采用生物制剂防治：每亩用 Bt 乳（粉）剂150～200 克，混拌 10 千克沙子，在黑玉米喇叭口叶期撒入喇叭口内，每株 2～3 克；或者以每克含孢子 50 亿～100 亿的白僵菌粉 1 份，拌颗粒 10～20 份，于心叶期撒入心叶丛种；株高 30 厘米时，用水胺硫磷叶面喷洒 1 次。拔节期每亩用 30％井冈霉素 50 克、兑水 50 千克，叶面喷洒，防治大小斑病和纹枯病 2 次，间隔 15 天。⑧适时采收。果穗叶吐丝后，22～28 天含糖量最高、皮最薄，最适宜采收。过早、过晚收获，都会影响黑玉米的品质和口味。

238. 青贮玉米有什么特点？

青贮玉米是按收获物和用途来进行划分的玉米 3 大类型（籽粒玉米、青贮玉米、鲜食玉米）之一；指在适宜收获期内，收获包括果穗在内的地上全部绿色植株，并经切碎、加工，并适宜用青贮发酵的方法来制作青贮饲料，以饲喂牛、羊等为主的草食牲畜的一种玉米。它与一般普通（籽粒）玉米相比，具有生物产量高、纤维品质好、持绿性好、干物质和水分含量适宜用厌氧发酵的方法进行封闭青贮的特点。

选择专用的玉米品种可获得较高的产量。也有一些种植单位把普通的籽粒用玉米提前收割用于青贮，但往往产量较低。一般在中等地力条件下，专用青贮玉米品种亩产鲜秸秆可达 4.5～6.3 吨，而普通籽粒用玉米却只有 2.5～3.5 吨。种植 2～3 亩地青贮玉米即可解决一头高产奶牛全年的青贮饲料供应。玉米青贮料营养丰富、气味芳香、消化率较高，鲜样中含粗蛋白质可达 3％以上，同时还含有丰富的糖类。用玉米青贮料饲喂奶牛，每头奶牛一年可增产鲜奶 500 千克以上，而且还可省 1/5 的精饲料。

青贮玉米制作所占空间小，而且可长期保存，一年四季可均衡供应，是解决牛、羊、鹿等所需青贮饲料的最有效途径。

239. 青贮玉米种植应注意的问题有哪些？

①选地与整地。方法与普通籽实用玉米相同，土质疏松肥沃、有机质含量丰富的地块有利于获得高产。②播种期。与大田作物播种期相同，在东北春玉米

区一般在 5 月初开始播种。③播种量。合理密植有利于高产，若采用精量点播机播种，播种量为 2～2.5 千克/亩；若采用人工播种，播种量为 2.5～3.5 千克/亩。一般青贮玉米的亩保苗数为 5 000～6 000 株。④播种方法。采用平作和垄作均可，亦可采用宽窄行或大垄双行种植。⑤混播。青贮玉米与秣食豆混播是一项重要的增产措施，同时还可大大提高青贮玉米的品质。以玉米为主作物，在株间混种秣食豆。秣食豆是豆科作物，根系有固氮功能，并且耐阴，可与玉米互相补充合理利用地上、地下资源，从而提高产量，改善营养价值。混播量为：青贮玉米 1.5～2.0 千克，秣食豆 2.0～2.5 千克。⑥田间管理。与大田作物管理方法相同，需要进行除草、间苗、施肥及中耕等。

240. 青贮玉米应如何保存?

青贮玉米最佳收获期一般在籽粒成熟的乳熟末期或者蜡熟前期，此时产量最高、营养价值比较好。玉米秸秆青贮的方式有很多种，根据饲养规模、地理位置、经济条件和饲养习惯可分为：窖贮、包贮，也可在平面上堆积青贮等。①窖贮是一种最常见、最理想的青贮方式。虽一次性投资大些，但窖坚固耐用，使用年限长，可常年制作，储藏量大，青贮的饲料质量有保证。根据地势及地下水位的高低可将青贮窖分为：地下、地上和半地下 3 种形式。一般要在地势较高、地下水位较低、背风向阳、土质坚实、离饲舍较近、制作和取用青贮饲料方便的地方。窖的形状一般为长方形，窖的深浅、宽窄和长度可根据所养牛羊的数量、饲喂期的长短和需要储存的饲草数量进行设计。青贮窖四壁要平整光滑，一定要注意防止渗水和漏气。要能够密封，防止空气进入，且有利于饲草的装填压实。窖底部从一端到另一端须有一定的坡度，或一端建成锅底形，以便排除多余的汁液。一般每立方米窖可青贮全株玉米 500～600 千克。原料切割的长度一般为1～3 厘米，装填时要压实，有利于排除其中的空气；也有利于以后青贮饲料的取用，切短后的青贮原料要及时装入青贮窖内，可采取边粉碎、边装窖、边压实的办法。一般经过 40～50 天（20～35 ℃/天）的密闭发酵后，即可取用饲喂家畜。②裹包青贮。将粉碎好的青贮原料用打捆机进行高密度压实打捆，然后通过裹包机用拉伸膜包裹起来，从而创造一个厌氧的发酵环境，最终完成乳酸发酵过程。裹包青贮有以下几个优点：制作不受时间、地点的限制，不受存放地点的限制；若能够在棚室内进行加工，也就不受天气的限制了。与其他青贮方式相比，裹包青贮过程的封闭性比较好，通过汁液损失的营养物质也较少，而且不存在二次发酵的现象。此外裹包青贮的运输和使用都比较方便，有利于它的商品化。③平面堆积青贮。适用于养殖规模较小的农户，如养奶牛 3～5 头或者养羊 20～50 只，可以采用这种方式。平面堆积青贮的特点是使用期较短、成本低、一次性劳动量投入较小。制作的时候需要注意青贮原料的含水量，要压实、要密闭。

241. 什么是笋玉米?

笋玉米是指以采收幼嫩果穗为目的的玉米。由于这种玉米吐丝授粉前的幼嫩果穗下粗上尖，形似竹笋，故名玉米笋。笋玉米的食用部分为玉米的雌穗轴，以及穗轴上一串串珍珠状的小花。它营养丰富、清脆可口，别具风味，是一种高档蔬菜。根据消费者的需要，通过添加各种佐料，可制成不同风味的罐头。笋玉米富含氨基酸、糖、维生素、磷脂和矿质元素。通常干重的总氨基酸含量可达14%~15%，赖氨酸含量高达0.61%~1.04%，总糖量达12%~20%。目前，笋玉米主要用于爆炒鲜笋、调拌色拉生菜、腌制泡菜、制作罐头。笋玉米有3类：第一类是专用型笋玉米，即一株多穗的专用玉米笋品种。当花丝吐出达1~2厘米长时，采摘果穗做笋玉米蔬菜或笋玉米罐头。第二类是粮笋兼用型笋玉米，即在普通玉米生产中选用多穗型品种，将每株上部能正常成熟的果穗留做生产籽粒，下部不能正常成熟的幼嫩果穗做笋玉米。第三类为甜笋兼用型笋玉米。在甜玉米生产中，采收每株上的大穗做甜玉米罐头或将鲜穗上市，将下部幼嫩果穗采收用作甜笋玉米。

242. 笋玉米是如何形成的?

笋玉米，即玉米的幼嫩雌穗。雌穗由植株叶腋的腋芽发育而成，一株玉米除最上部的4~6节外，其下每节都有一个腋芽，但并不是所有腋芽都能发育成果穗。除多穗玉米外，一般品种只有1~2个腋芽能形成雌穗，多穗玉米可形成5~6个雌穗。笋玉米是以生产幼嫩果穗为目的的；因此，选择多穗型品种，促进单株分化形成优质笋，是笋玉米生产的关键。正常情况下，春玉米出苗后35~40天、夏玉米出苗后20天雌穗腋芽开始分化；至吐丝期，专用型笋玉米单株可形成5个笋玉米。由于顶部幼穗对下部幼穗的生长具有顶端优势；所以采摘顶部的笋玉米，可解除其对下部几个果穗的抑制作用，使下部的笋玉米得到较多的养分供应，从而促使其尽快长大并使花丝尽快伸出苞叶。可以如此重复直到采完最后一个笋玉米。一般专用型的笋玉米可分批采摘4~5个笋玉米，其中1~2个较大，3~4个较小。粮笋兼用和甜笋兼用型玉米，根据其生长情况，除最上部果穗正常收获外，通常也可采摘回1~2个笋玉米。一株玉米能形成的几果穗数量取决于遗传特性，同时也受环境条件的影响，多穗型品种在适宜的外界条件下，可形成较多的果穗。但在不良条件下，形成的果穗数目会明显减少。在生产上，群体密度对玉米笋的形成起着重要作用。在稀植条件下，植株健壮，光合产物积累多，单株干重、鲜重增长速度快，单株产笋多；当植株生长至吐丝期，植株有充足的养分供应下部幼穗进入花丝伸长期而形成笋玉米。在高密度种植条件下，植株互相遮阳，光照不足，光合产物匮乏；这使有限的光合产物仅能供应上部果穗，而下部幼穗则停止生长，不能形成笋玉米。生产上应选择多穗性强、株型紧凑、耐密抗倒的品种，同时应加强肥水管理，促进一株多笋玉米的形成，以提高玉米笋的产出率。

243．笋玉米种植应注意的问题有哪些？

① 精细整地，分期播种。玉米笋一般没有大田玉米发芽顶土能力强；特别是那些淀粉含量少的种子，发芽、顶土能力更弱。因此，对整地质量要求较高，要求土壤足墒、深耕、细耙，土壤不能太湿或太干。②适时播种，培育壮苗。我国东北地区因天气寒冷、气温较低，早春播种适宜温度在 12 ℃以上进行播种，大约在 5 月 1 日前后播种。为培育壮苗，一般采用营养钵、营养块育苗，加盖薄膜，可比大田提早上市 20～30 天；待苗长有 2 叶 1 心时，连土移栽到大田。③合理密植，巧施追肥。合理密植是提高玉米笋产量的关键，采用双行式种植法，行株距可安排 50 厘米×30 厘米，或四行式栽植法，即在田垄上播种 2 行或 4 行，实播每穴 2 粒种子，每亩播 1～1.5 千克，定苗 4 000 多株；选择晴天播种，水分适中，不宜太干或太湿，播后 4～5 天出苗，待幼苗长到 3 叶 1 心时进行第 1 次追肥，每亩施尿素 5～7 千克，或施人粪尿 750～1 000 千克，每隔 10～15 天追肥 1 次，共追 2～3 次，注意逐次增加浓度。拔节后一般不追肥，并应做到看天、看地、看苗施肥，促进植株生长发育。因收获的产品是幼穗，抽出的雄花可摘除以免过多消耗养分，促进大部分果穗发育。④施用微肥，减少畸形。玉米笋在生长过程中，硼对玉米笋的发育最为重要。硼影响着玉米光合作用以及光合产物在体内中转速度。就玉米笋来说，缺硼对雌穗的影响是致命的，幼穗畸形，达不到制罐工艺标准，就会降低种植效益。硼肥的使用要适量。⑤苗期管理，及时去雄。玉米笋的采收一般是雌穗抽丝后几天，不需授粉，其雄穗就失去其作用。而且雄穗消耗养分，影响下部叶片的通风透光，所以应及时去雄。抽去雄穗，宜在雄穗刚刚露出时进行，双手齐动，一只手握住雄穗，另一只手握住玉米植株，以免拔雄时带去叶片；把拔出的雄穗带出田间，不能随拔随丢，以免影响田间通风。玉米笋种植密度较大，拔雄后会明显地改善通风透光状况，而且减少花粉发育对养分的消耗，可提早玉米笋的发育，使采笋期提前 2～3 天。⑥病虫害防治。玉米笋主要病害有小斑病和大斑病，此病在拔节后发生。防治办法，主要是前茬收获后及时清理田间的病株残枝，集中烧毁。如果发现病株应及时喷药，可用 40%异稻瘟净乳剂 400 倍液或 40%克瘟散乳油 1 000 倍液每隔 7 天喷 1 次。玉米笋虫害有蚜虫、金龟子、玉米螟，可用常规方法和生物农药消灭害虫。

较早采收玉米笋幼穗，可避开玉米螟的危害。鼠害是玉米笋生产中大敌，要特别注意预防。一般在播种前，对大田进行 1 次灭鼠工作；播种后，喷施高效低毒农药，或用药拌上诱饵进行诱杀。⑦及时采笋。一般玉米笋最适合采收期为雌穗吐丝但尚未授粉时即可采收，以后每隔 1～2 天采 1 次笋，7～10 天内可把笋全部采完。一般笋长 8～13 厘米是适宜的采收期。具体采收标准要按罐头厂原料标准和品种特性而定。采收过晚，则笋形过大，影响外观，内在品质、口感也变差，一旦授粉，籽粒会在一天内鼓起，穗轴质地发硬。采收过早，笋小，易碎，产量低，且缺少甜味，风味不佳。

244．什么是粮饲兼用型玉米？

粮饲兼用型玉米是指在获得高产玉米籽粒的同时，还可以获得大量家畜可利用的玉米秸秆的玉米品种。这种玉米在籽粒完全成熟时，叶片仍很繁茂，茎叶绿色成分保持较高水平，可解决饲用玉米秸秆转化率低的问题。有关专家分析认为，粮饲兼用型玉米可以做到粮食与饲料兼顾，符合我国国情，开发前景看好。

在农业供给侧结构性改革的背景下，种植粮饲兼用型玉米既可打粮食，也可做青贮饲料，这是玉米种植的新方向。一是要找到适宜种植的粮饲兼用型高产玉米品种；二是从播种、管理、收获到加工储藏各个环节都要有很多技术数据和管理经验，为确保玉米种植户获得较高收益提供科技支撑。

主 要 参 考 文 献

白石，2017. 对国内宜机收玉米新品种选育的几点建议 [J]. 种子世界 (11)：6-7.

白石，张书萍，2010. 玉米南繁育种栽培新技术 [J]. 中国种业 (2)：63-64.

白石，赵杨，李士东，2007. 玉米青枯病大面积发生与防治建议 [J]. 杂粮作物 (1)：43-45.

常程，韩雷，张书萍，2014. 不同密度对玉米杂交种几个相关性状的影响 [J]. 辽宁农业科学 (3)：9-13.

常程，刘晶，徐亮，等，2017. 氮素供应对不同类型玉米品种籽粒灌浆特性的影响 [J]. 辽宁农业科学 (1)：1-6.

常程，王延波，张书萍，等，2019. 氮素供应对春玉米产量及冠层部分指标的影响与相关分析 [J]. 玉米科学，27 (5)：164-170.

常程，张书萍，刘晶，等，2008. 密度对不同株型玉米产量和农艺性状的影响 [J]. 辽宁农业科学 (2)：27-29.

常程，张书萍，刘晶，等，2018. 氮肥对辽宁春玉米品种氮素吸收利用的影响 [J]. 玉米科学，26 (5)：143-149.

陈长青，尤丹，2011. 种植密度和施氮量对辽单 527 产量的影响 [J]. 玉米科学，19 (4)：125-127.

郝楠，毕文博，李月明，等，2017. 氮素水平对玉米制种产量及质量的影响 [J]. 辽宁农业科学 (1)：46-49.

郝楠，李月明，孙甲，2013. 种衣剂对不同收获期玉米种子萌发的影响 [J]. 中国种业 (6)：53-55.

郝楠，李月明，孙甲，等，2013. 不同收获期对辽单 565 玉米种子的影响 [J]. 辽宁农业科学 (2)：61-62.

郝楠，李月明，孙甲，等，2015. 玉米杂交种种子成熟期对种子活力的影响 [J]. 种子，34 (8)：76-78.

郝楠，李月明，孙楠，2008. 耐旱性不同的玉米杂交种的生理生化差异分析 [J]. 辽宁农业科学 (1)：1-4.

郝楠，李月明，王成，等，2020. 不同氮素处理下玉米种子活力及耐储性评价 [J]. 辽宁农业科学 (1)：49-53.

郝楠，王成，李月明，2018. 多胺代谢与玉米低温胁迫的研究进展 [J]. 园艺与种苗，38 (8)：53-56.

郝楠，王建华，李宏飞，等，2015. 种子活力的发展及评价方法 [J]. 种子，34 (5)：44-45、49.

郝楠，王建华，李月明，等，2016. 不同生态区域玉米种子收获期与种子活力关系研究 [J].
　　玉米科学，24（6）：61-66、74.

郝楠，王延波，李月明，2013. 温度对玉米种子萌发特性的影响 [J]. 玉米科学，21（4）：
　　59-63.

贾钰莹，孙成韬，于佳霖，等，2019. 玉米耐旱性的遗传机理及分子育种研究进展 [J]. 园艺
　　与种苗，39（12）：37-39.

李月明，郝楠，孙丽惠，等，2013. 种子活力测定方法研究进展 [J]. 辽宁农业科学（1）：
　　38-40.

李月明，郝楠，孙丽惠，等，2016. 不同玉米品种耐深播的相关分析 [J]. 种子 35（2）：
　　61-63.

李月明，郝楠，孙丽惠，等，2016. 不同玉米自交系的耐深播特性的相关分析 [J]. 种子，35
　　（6）：82-84.

李月明，孙丽惠，郝楠，2010. 浅析我国玉米种子加工技术的现状与发展趋势 [J]. 杂粮作
　　物，30（6）：450-451.

李月明，孙丽惠，郝楠，等，2017. 不同玉米自交系耐深播能力分析 [J]. 种子，36（6）：
　　79-85.

李月明，孙楠，孙丽惠，等，2015. 常用玉米杂交种和部分骨干自交系的种子活力研究 [J].
　　种子，34（7）：26-29.

李月明，王成，2019. 不同播种深度对不同玉米品种种子活力的影响 [J]. 种子，38（2）：
　　30-36.

李月明，王成，郝楠，等，2019. 不同玉米品种及其亲本耐深播特性分析 [J]. 玉米科学，27
　　（1）：10-16.

李月明，叶雨盛，陈珣，等，2012. 辽宁省耐密玉米杂交种主要农艺性状的灰色关联分析[J].
　　辽宁农业科学（5）：17-20.

刘晶，李非，李月明，等，2011. 辽宁中熟玉米杂交种产量相关性状的灰色关联分析 [J]. 辽
　　宁农业科学（4）：27-30.

刘晶，刘欣芳，常程，2013. 玉米群体自动调节的研究进展 [J]. 辽宁农业科学（1）：56-58.

刘晶，刘欣芳，谈克俭，2015. 玉米生产全程机械化作业技术研究 [J]. 农业科技与装备
　　（6）：62-64.

刘晶，赵海岩，叶雨盛，2015. 土壤矿质元素对玉米籽粒品质的影响 [J]. 园艺与种苗（6）：
　　73-75.

刘欣芳，朱迎春，李明，等，2014. 玉米大斑病田间接种鉴定方法探索 [J]. 辽宁农业科学
　　（3）：46-48.

马云祥，2014. 氮肥用量对玉米产量、效益及养分吸收的影响 [J]. 辽宁农业科学（5）：
　　16-18.

马云祥，孙甲，贾卓，2007. 平衡施肥对玉米产量及经济效益的影响 [J]. 中国农村小康科技
　　（5）：79-80.

马云祥，王淑珍，2007. 保护性耕作及其配套技术研究进展 [J]. 辽宁农业科学 (4)：28-32.

马云祥，尹金梅，2008. 玉米种子包衣抗旱早播试验研究 [J]. 安徽农业科学 (23)：9932-9934.

齐欣，李明，王延波，等，2015. 抗草甘膦玉米研究进展 [J]. 园艺与种苗 (7)：77-80.

邵帅，王国宏，樊勇，等，2018. 种植密度对不同玉米品种干物质积累及产量的影响 [J]. 辽宁农业科学 (3)：1-4.

石清琢，王国宏，刘晓丽，2012. 加快玉米品种更替、大力推广种植耐密植品种 [J]. 农业经济 (11)：98-99.

史磊，王国宏，王延波，等，2018. 玉米杂交种及其亲本籽粒脱水速率初步研究 [J]. 作物杂志 (3)：84-89.

史磊，王国宏，王延波，等，2019. 玉米杂交种及其亲本灌浆速率初步研究 [J]. 江苏农业科学，47 (7)：84-87.

史磊，王延波，王金艳，等，2015. 种植模式对玉米干物质积累、光合特性和产量的影响 [J]. 园艺与种苗 (6)：52-54、75.

史磊，王延波，肖万欣，等，2016. 辽沈地区深松改土对玉米产量形成及土壤性状的影响 [J]. 辽宁农业科学 (1)：1-4.

孙成韬，白石，王金君，等，2012. 玉米抗镰孢菌穗、茎腐病育种研究进展 [J]. 种子世界 (12)：20-21.

孙成韬，王国宏，邵帅，等，2017. 辽宁玉米新品种的生物产量和青贮品质分析 [J]. 园艺与种苗 (11)：52-55.

孙成韬，王延波，2015. 辽宁省玉米生产现状、主要问题及解决途径 [J]. 农业经济 (3)：15-17.

王大为，史磊，孙成韬，等，2017. 硅肥对玉米生理指标和产量的影响 [J]. 辽宁农业科学，7 (4)：12-14.

王国宏，孙成韬，董润楠，等，2017. 玉米自交系籽粒脱水特性的差异分析 [J]. 辽宁农业科学 (1)：30-33.

王金艳，李刚，马骏，等，2015. 不同种植密度条件下东北春玉米区主栽品种的适应性分析 [J]. 辽宁农业科学 (3)：31-34.

王克如，李少昆，王延波，等，2018. 辽宁中部适宜机械粒收玉米品种的筛选 [J]. 作物杂志 (3)：97-102.

王延波，王国宏，石清琢，2013. 玉米辽综群体创建、改良及应用研究 [J]. 玉米科学，21 (6)：1-4.

王延波，赵海岩，2015. 辽宁省玉米高产潜力探索及创建"超高产田"关键技术研究 [J]. 玉米科学，23 (5)：124-129、135.

王延波，赵海岩，肖万欣，等，2012. 不同种植密度和栽培形式对辽单565光合性能、农艺性状及产量的影响 [J]. 玉米科学，20 (3)：101-106.

王延波.2015. 辽宁玉米 [M]. 北京：中国农业出版社.

王延波.2019. 辽宁玉米丰产技术研究与应用 [M]. 北京：中国农业出版社.

吴玉群，常程，邢志远，2006. 辽宁鲜食玉米育种研究进展 [J]. 辽宁农业科学 (5)：36-37.

肖万欣，2011. 氮、磷、钾肥合适配施能提高玉米产量 [J]. 农家顾问 (10)：27.

肖万欣，2012. 辽宁玉米机械化生产现状和发展建议 [J]. 辽宁农业科学 (2)：55-57.

肖万欣，刘晶，史磊，等，2017. 氮密互作对不同株型玉米形态、光合性能及产量的影响[J]. 中国农业科学，50 (19)：3690-3701.

肖万欣，王延波，谢甫绨，等，2015. 干旱对玉米自交系叶片叶绿素荧光特性的影响 [J]. 玉米科学，23 (4)：54-61.

肖万欣，王延波，赵海岩，等，2014. 紧凑型玉米杂交种形态生理学研究进展 [J]. 辽宁农业科学 (1)：49-52.

肖万欣，王延波，赵海岩，等，2014. 水分胁迫下玉米杂交种光合抗旱指数与抗旱性评价研究 [J]. 华北农学报，29 (S1)：169-175.

叶雨盛，王晓琳，李刚，等，2015. 玉米籽粒生理成熟后脱水速率的研究及应用 [J]. 辽宁农业科学 (3)：46-48.

叶雨盛，王延波，2015. 低碳背景下实现玉米减肥稳产的育种技术途径 [J]. 辽宁农业科学 (6)：40-42.

张书萍，2016. 玉米平作宽窄行种植全程机械化技术 [J]. 园艺与种苗 (4)：67-69.

张书萍，常程，赵海岩，等，2014. 辽宁省高密中晚熟玉米品种的试验现状及思考 [J]. 辽宁农业科学 (4)：61-63.

张书萍，赵海岩，刘晶，等，2015. 播期对玉米产量构成因素及产量的影响 [J]. 辽宁农业科学 (5)：73-76.

张洋，于惠琳，王延波，2019. 东华北不同生态区玉米品种产量及相关性状差异研究 [J]. 作物杂志 (1)：38-43.

图书在版编目（CIP）数据

玉米高产技术问答 / 王延波编著 . —北京：中国
农业出版社，2020.6（2024.5 重印）
ISBN 978 - 7 - 109 - 27224 - 8

Ⅰ.①玉⋯ Ⅱ.①王⋯ Ⅲ.①玉米－高产栽培－栽培
技术－问题解答 Ⅳ.①S513 - 44

中国版本图书馆 CIP 数据核字（2020）第 157038 号

中国农业出版社出版

地址：北京市朝阳区麦子店街 18 号楼
邮编：100125
责任编辑：廖　宁　胡烨芳
版式设计：王　晨　责任校对：沙凯霖
印刷：北京中兴印刷有限公司
版次：2020 年 6 月第 1 版
印次：2024 年 5 月北京第 4 次印刷
发行：新华书店北京发行所
开本：700mm×1000mm　1/16
印张：9
字数：200 千字
定价：38.00 元